编 委 会

高职高专项目导向系列教材

压缩机维护与检修

隋博远　主编
李　红　主审

化学工业出版社
·北京·

本教材是为了适应高等职业教育发展和改革新形式的需要，并根据化工设备维修技术专业的教学培养目标，以岗位工作过程为导向，主要任务是以实际生产中压缩机常用机型的维护检修内容为载体，确定项目情境，以此为基础进行教材编写，设置了认识压缩机、活塞式压缩机的维护与检修、离心式压缩机的维护与检修、其他类型压缩机的维护与检修四个学习情境。各学习情境是独立的，自成体系，但在维护与检修方面的很多内容又相互联系。有利于学生对技能的学习和知识的掌握。

本教材既可作为高等职业技术学院化工设备维修技术和化工装备技术专业的教材，也可作为职业技能培训和职业技能鉴定教材及工程技术人员的参考用书。

图书在版编目（CIP）数据

压缩机维护与检修/隋博远主编. —北京：化学工业出版社，2012.8（2025.5 重印）
高职高专项目导向系列教材
ISBN 978-7-122-14849-0

Ⅰ.①压… Ⅱ.①隋… Ⅲ.①压缩机-维修-高等职业教育-教育 Ⅳ.①TH450.7

中国版本图书馆 CIP 数据核字（2012）第 158906 号

责任编辑：韩庆利　高　钰　　　　加工编辑：张燕文
责任校对：王素芹　　　　　　　　装帧设计：刘丽华

出版发行：化学工业出版社（北京市东城区青年湖南街 13 号　邮政编码 100011）
印　　装：北京虎彩文化传播有限公司
787mm×1092mm　1/16　印张 8¼　字数 195 千字　2025 年 5 月北京第 1 版第 9 次印刷

购书咨询：010-64518888　　　　售后服务：010-64518899
网　　址：http://www.cip.com.cn
凡购买本书，如有缺损质量问题，本社销售中心负责调换。

定　　价：25.00 元　

序

辽宁石化职业技术学院是于2002年经辽宁省政府审批，辽宁省教育厅与中国石油锦州石化公司联合创办的与石化产业紧密对接的独立高职院校，2010年被确定为首批“国家骨干高职立项建设学校”。多年来，学院深入探索教育教学改革，不断创新人才培养模式。

2007年，以于雷教授《高等职业教育工学结合人才培养模式理论与实践》报告为引领，学院正式启动工学结合教学改革，评选出10名工学结合教学改革能手，奠定了项目化教材建设的人才基础。

2008年，制定7个专业工学结合人才培养方案，确立21门工学结合改革课程，建设13门特色校本教材，完成了项目化教材建设的初步探索。

2009年，伴随辽宁省示范校建设，依托校企合作体制机制优势，多元化投资建成特色产学研实训基地，提供了项目化教材内容实施的环境保障。

2010年，以戴士弘教授《高职课程的能力本位项目化改造》报告为切入点，广大教师进一步解放思想、更新观念，全面进行项目化课程改造，确立了项目化教材建设的指导理念。

2011年，围绕国家骨干校建设，学院聘请李学锋教授对教师系统培训“基于工作过程系统化的高职课程开发理论”，校企专家共同构建工学结合课程体系，骨干校各重点建设专业分别形成了符合各自实际、突出各自特色的人才培养模式，并全面开展专业核心课程和带动课程的项目导向教材建设工作。

学院整体规划建设的“项目导向系列教材”包括骨干校5个重点建设专业（石油化工生产技术、炼油技术、化工设备维修技术、生产过程自动化技术、工业分析与检验）的专业标准与课程标准，以及52门课程的项目导向教材。该系列教材体现了当前高等职业教育先进的教育理念，具体体现在以下几点：

在整体设计上，摈弃了学科本位的学术理论中心设计，采用了社会本位的岗位工作任务流程中心设计，保证了教材的职业性；

在内容编排上，以对行业、企业、岗位的调研为基础，以对职业岗位群的责任、任务、工作流程分析为依据，以实际操作的工作任务为载体组织内容，增加了社会需要的新工艺、新技术、新规范、新理念，保证了教材的实用性；

在教学实施上，以学生的能力发展为本位，以实训条件和网络课程资源为手段，融教、学、做为一体，实现了基础理论、职业素质、操作能力同步，保证了教材的有效性；

在课堂评价上，着重过程性评价，弱化终结性评价，把评价作为提升再学习效能的反馈工具，保证了教材的科学性。

目前，该系列校本教材经过校内应用已收到了满意的教学效果，并已应用到企业员工培训工作中，受到了企业工程技术人员的高度评价，希望能够正式出版。根据他们的建议及实际使用效果，学院组织任课教师、企业专家和出版社编辑，对教材内容和形式再次进行了论证、修改和完善，予以整体立项出版，既是对我院几年来教育教学改革成果的一次总结，也希望能够对兄弟院校的教学改革和行业企业的员工培训有所助益。

感谢长期以来关心和支持我院教育教学改革的各位专家与同仁，感谢全体教职员工的辛勤工作，感谢化学工业出版社的大力支持。欢迎大家对我们的教学改革和本次出版的系列教材提出宝贵意见，以便持续改进。

辽宁石化职业技术学院　院长

2012 年春于锦州

前言

本教材是化工设备维修技术专业的专业核心课程，依据企业在压缩机部分对化工检修钳工的要求编写，满足专业的培养目标，课程的专业性、应用性、实践性都很强，是一门理论指导实践、实践依赖理论、理论与实践融为一体的课程。突出以学生为主体、以能力为本位的高职教育思想，突出能力培养，适应教学改革需求。

本课程主要任务是以典型压缩机的维护与检修为载体，设置了压缩机总体介绍、活塞式压缩机的维护与检修、离心式压缩机的维护与检修、其他类型压缩机（离心式风机、罗茨鼓风机、螺杆式压缩机）的维护与检修四个学习情境。各学习情境是独立的，自成体系，但在维护与检修上是有联系的，呈现出并行的体系。

本教材重点突出了实践技能，兼顾理论知识的要求，弱化了计算、推导等逻辑性强的理论知识，这也符合现在高职学生的要求和认知能力。在课程教学中有机地将理论知识融入其中。本课程对提高学生综合分析和解决问题的能力，强化学生的实践技能，培养学生的职业能力和素养，实现化工检修钳工高级工的培养目标起到支撑和促进作用，并为后续的毕业实训和未来的工作奠定了基础。

本教材是根据高等职业教育以服务为宗旨，以就业为导向，将“教、学、做”融为一体的工学结合模式编写的。在编写过程中始终遵循化工设备维修技术专业人才培养目标与培养规格要求，参考《国家职业资格标准》，以及学生就业面向的职业岗位的职责。

本书由隋博远主编（编写学习情境一、二、四），李红主审，崔大庆参编（编写学习情境三）。

由于编者水平有限，难免存在疏漏，望读者批评指正，并敬请读者多提意见和建议。

编　者

2012 年 3 月

目录

学习情境四　其他类型压缩机的维护与检修　109

参考文献　122

学习情境一

认识压缩机

【情境导入】

日常生活中的管道煤气、冰箱空调以及西气东输中都离不开压缩机对气体的加压或输送，以完成一定的工艺过程。通过现场参观、教学视频和网络教学平台等了解压缩机的类型、结构和工作原理。了解压缩机的发展趋势。

【知识目标】

（1）掌握压缩机的应用与分类。

（2）了解不同类型压缩机的工作原理

（3）查阅相关资料，了解压缩机的发展趋势。

【能力目标】

（1）能够认识不同的压缩机。

（2）能够对不同压缩机的结构进行简单分析。

（3）能够借助相关资料了解压缩机的发展趋势。

【任务描述】

通过参观化工设备拆装实训中心、压缩机站，了解压缩机的类型、牌号；通过教学视频和网络教学平台，了解压缩机的性能和工作原理。

【任务分析】

任务的完成：了解压缩机的分类，不同类型压缩机的结构。充分利用网络教学平台上的图片、文字和视频等分析各类型压缩机的工作原理和应用。

【相关知识】

一、压缩机的应用

按照气体被压缩的目的，压缩机的应用大致分为以下几种情况。

（1）动力工程　压缩空气作为传递力能的介质。例如，用压缩空气驱动的风镐、扳手、风钻，以及控制仪表和自动化装置等。

（2）制冷及气体分离　使气体液化，气体经压缩、冷却便能液化，液化气体蒸发可以进行人工制冷；混合气体液化后可利用其组分的沸点不同，逐步蒸发而彼此分离，如分离空气中的氧气、氮气等。此外，液化气体还具有便于储存及运输的优点。

（3）压缩气体用于合成与聚合　将原料气体压缩至高压，以利于合成反应。例如，氮气、氢气合成氨，氨和二氧化碳合成尿素，聚乙烯，聚丙烯等。

(4) 气体输送　如输送瓶装气体，管道煤气，西气东输等。

(5) 油田注气　将不能直接利用的油田伴生气加压回注，以提高油层压力，增加采油量。

二、压缩机的分类

压缩机按压缩气体的原理，具体分类如图 1-1 所示。

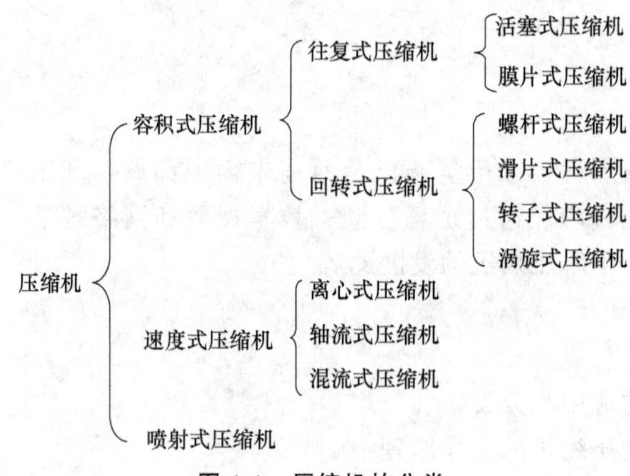

图 1-1　压缩机的分类

1. 容积式压缩机

它是利用气缸工作容积的周期性变化对气体进行压缩，提高气体压力并排出的机械，它又可分为往复式与回转式两大类。

(1) 往复式压缩机　分为活塞式和隔膜式两种，前者是利用气缸内活塞的往复运动来输送气体介质并提高其能头。为提高排气压力常设计成多级，气体从一级送到另一级不断被压缩。后者是利用弹性膜片对气体进行压缩。可以实现无泄漏气体输送，并可避免润滑油对被压缩气体的污染。

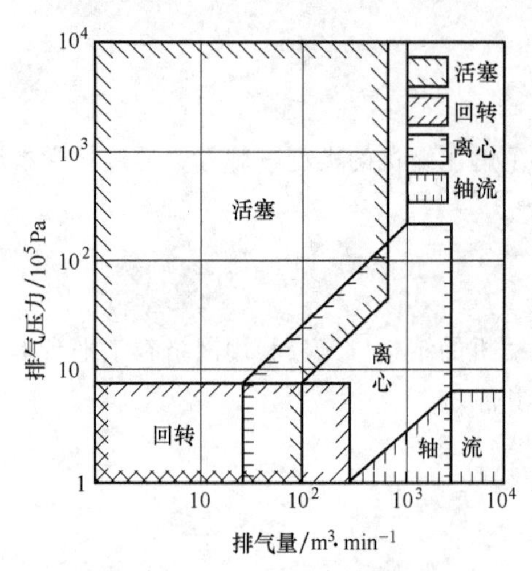

图 1-2　各类压缩机的适用范围

(2) 回转式压缩机　是靠机内转子做回转运动时产生的容积变化来压缩气体的机械。回转式压缩机有螺杆式、滑片式、转子式、涡旋式等。

2. 速度式压缩机

它是利用高速旋转的叶轮提高气体的能量，并在后面的扩压流道中降速增压，将部分动能转变为静压能，所以，也称动力式压缩机。

(1) 离心式压缩机　在机壳内有一根安装有一个或多个叶轮的转轴，气体从轴向吸入叶轮后又被离心力径向甩出，在扩压器中降速增压，再进入下一级进一步增压，直至排出。

(2) 轴流式压缩机　气体的流动方向一直是沿轴向的，它的转轴上装有多级动叶片，机壳上装有多级静叶片，气体进入一级动叶片获得能量后再进入紧跟其后的静叶片扩压，然后进入下一级进一步压缩，直至排出。与离心式压缩机比较，轴流式压缩机的效率高，排气量大，但它的排气压力较低。

3. 喷射式压缩机

它是利用喷嘴由高压气体带动低压气体获得速度后，共同经扩压管扩压，达到压缩气体的目的。其结构简单，无运动部件，但另需高压气体。

三、各类压缩机的适用范围

活塞式压缩机适用于高压与超高压的场合，但它的流量较小，离心式压缩机的流量较大但压力较低，轴流式压缩机的流量更大，但压力也更低，回转式压缩机则压力与排气量均较小，多用于中小气量的场合。如图 1-2 所示。

【任务实施】

一、参观化工设备拆装实训中心

（1）初步认识各类型压缩机的结构。

（2）通过展示窗口，了解压缩机主要零部件的结构、特点。

二、任务实施步骤

（1）识读压缩机的型号。

（2）观察解体压缩机各零部件。

（3）分析压缩机的性能和工作原理。

【知识拓展】

压缩机的发展趋势

压缩机按压缩气体的不同可分为空气压缩机、工艺气体压缩机和制冷压缩机等。

对于空气压缩机以下两点需要关注：螺杆式空气压缩机市场的占有份额增长得非常快，产品质量以及品种也已经达到一个新的高度，市场份额越来越大；无油涡旋式空气压缩机能满足食品、医药、烟草等特殊行业对干净压缩空气的需求，市场占有的份额也在逐年提高，工艺压缩机主要向大型化、高可靠性、智能化和国产化方向发展。

对于制冷压缩机，开发环境友好制冷剂相关的压缩机技术、提高能效水平等是关键。

随着石化行业装置的大型化、集约化，压缩机也在向高压、高速及大容量方向发展，由于活塞式压缩机受到惯性力、结构等的限制，其排气量不能过大，否则机器的体积、重量过大，制造、安装及维修都会非常困难，因此，大容量的压缩机都采用离心式和轴流式。由于设计和制造水平的提高，离心式压缩机已跨入了高压领域，扩大了使用范围。在结构上，离心式压缩机向高速、成套、组合化和自动化方向发展。密封用轴承结构的改进，大大提高了离心式压缩机的工作性能，在很多装置中取代了活塞式压缩机。离心式压缩机的小型化发展趋势，需引起特别关注，磁力轴承的工业化生产是离心式压缩机发展的主要推动力。

在制冷领域，离心式压缩机已有取代螺杆机的明显趋势。目前离心式压缩机有向小流量，同时获得高压力的趋势发展。微小型化是离心式压缩机未来发展的重要方向之一，它将在传统空压机市场占有一定的份额，并有可能引起空压机市场的巨大变化。

在未来的发展中，活塞式空压机仍会有一定的市场份额。对于一些特殊要求，如高压、超高压等，暂时还没有压缩机可替代它。对于微小型机组，活塞式压缩机仍有一定优势。

目前改进和发展活塞式压缩机的主要途径是：提高效率，节省能耗，改进比功率，高转速、短行程是目前的发展趋势；通过新工艺、新材料及先进制造技术，延长气阀、活塞环、填料等易损件的寿命；压缩机的减振和降噪；做好系列化、通用化和标准化的“三化”标准的推进工作，以降低成本，缩短研发周期。

学习情境二

活塞式压缩机的维护与维修

【情境导入】

某企业按计划将对某装置进行扩容改造，其中包括新增压缩机的安装及在役压缩机的检修。目前企业新进一批员工，充实到检修一线工作。这些新员工将在工厂检修技术骨干的带领下，完成压缩机安装检修工作。在此过程中，要求新员工通过图纸等技术资料，了解压缩机的结构、工作原理，掌握检修内容和方法，制定检修规程等，初步获得对压缩机及其附属装置检修的能力及压缩机系统试车验收的能力。

【知识目标】

(1) 认识活塞式压缩机的结构、分类，了解活塞式压缩机的工作原理及型号表示方法。

(2) 活塞式压缩机的主要性能及主要零部件的受力分析。

(3) 掌握活塞式压缩机拆卸前的准备工作和要求，拆卸步骤与测量的内容。

(4) 认识活塞式压缩机机身、工作部件及传动部件的结构，掌握各主要零部件的工作原理及作用。

(5) 掌握活塞式压缩机各主要零部件的维、检修内容和方法。

(6) 掌握活塞式压缩机机身的安装要求，基础的验收内容。

(7) 掌握活塞式压缩机的各主要零部件的组装方法及要求，由部件组装成机器的过程。

(8) 掌握活塞式压缩机试车的目的、内容、过程及注意事项，排气量调节方法。

(9) 掌握活塞式压缩机的润滑系统及润滑方式，了解活塞式压缩机附属设备的工作情况。

(10) 了解活塞式压缩机日常维护保养的知识，了解活塞式压缩机在运行中的常见故障及处理方法。

【能力目标】

(1) 能够认识不同类型的活塞式压缩机。

(2) 能够熟练使用各种工具、量具对活塞式压缩机进行拆卸、检查。

(3) 能够认识活塞式压缩机的各主要零部件结构、特征，判断其工作性能，能够进行维修或更换。

(4) 能够对活塞式压缩机的各配合间隙及相对运动间隙进行测量。

(5) 能够查阅相关资料、手册，利用各种书籍、网络等资源学习新知识。

(6) 能够熟练使用工具对活塞式压缩机各主要部件进行组装，将组装好的部件组装成机器，并对各检测点进行检测。

(7) 能够对活塞式压缩机进行试车，处理在安装或试车中遇到的问题。

(8) 能够熟练操作活塞式压缩机完成排气量的调节任务。

(9) 能够对活塞式压缩机的润滑进行检查和维护，能够维护其他附属设备的工作。

（10）能够对压缩机进行日常维护和保养，独立或合作完成压缩机的故障处理。

任务一　活塞式压缩机的基本结构及工作原理

【任务描述】

在日常工作过程中，认识活塞式压缩机的结构和工作原理，通过对压缩机铭牌的认识，了解压缩机的分类和型号表示方法，压缩机的性能参数。简单了解压缩机的工作过程与受力情况。

【任务分析】

任务的完成：从了解活塞式压缩机的结构、类别开始，通过对压缩机的拆卸，认识机身，运动机构、工作机构的组成，到结合压缩机的工作原理，明确各部分的作用结束。

【相关知识】

一、活塞式压缩机的结构及特点

1. 活塞式压缩机的基本构造

往复活塞压缩机是各类压缩机中发展最早的一种，18 世纪末，英国制成第一台工业用往复活塞空气压缩机。20 世纪 30 年代开始出现迷宫压缩机，随后又出现了各种无油润滑压缩机。20 世纪 50 年代出现的对动型结构使大型往复活塞压缩机的尺寸大为减小，并且实现了单机多用。

活塞式压缩机虽然种类繁多、结构复杂，但其基本构造大致相同，主要零部件有机身、工作机构（气缸、活塞、气阀等）及运动机构（曲轴、连杆、十字头等）。图 2-1 所示为对称平衡型压缩机。

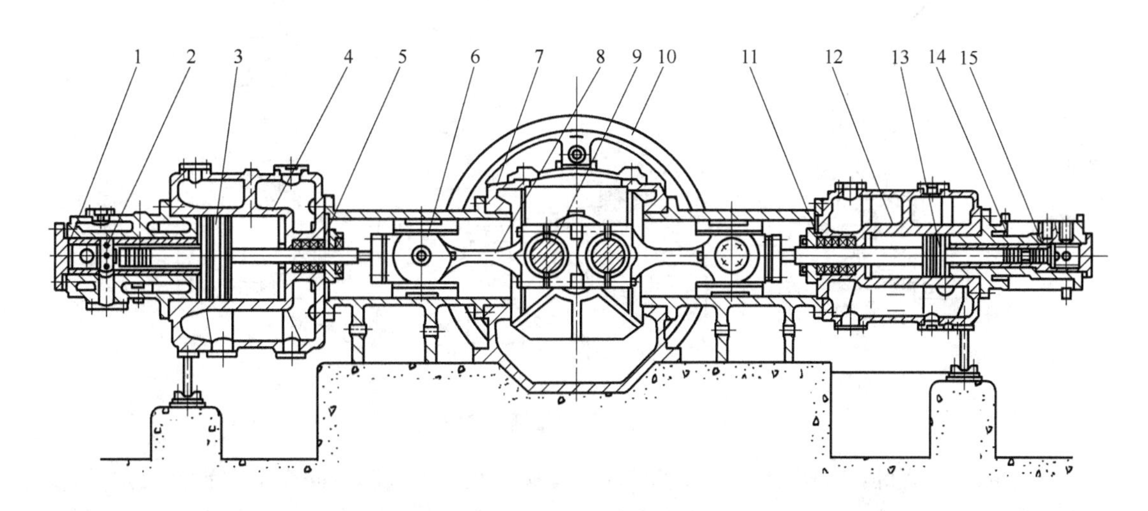

图 2-1　对称平衡型压缩机

1,4,12,14—气缸；2,15—气阀；3,13—活塞；5,11—填料函；6—十字头；7—机体；8—连杆；9—曲轴；10—带轮

2. 活塞式压缩机的特点

活塞式压缩机与离心式压缩机相比较，主要优点如下。

(1) 适应性强，无论流量大小，都能达到所需的压力，一般单级压缩终压可达 0.3～0.5MPa，多级压缩终压可达 100MPa 以上。

(2) 热效率较高。

(3) 气量调节时排气压力几乎不变。

(4) 对金属材料要求不苛刻。

主要缺点如下。

(1) 转速低，排气量较大时机器显得笨重。

(2) 结构复杂，易损件多，日常维修量大。

(3) 动平衡性差，运转时有振动。

(4) 排气量不连续，气流不均匀。

(5) 在有油润滑压缩机中，气体带油污，对需要洁净气体的场合还需要气体净化设备。

二、活塞式压缩机的分类

往复活塞压缩机有多种分类方法。气缸的排列型式和运动机构的结构这两个方面是活塞式压缩机结构特点主要体现。

1. 按气缸的排列型式（气缸中心线在空间的位置）分类（见图 2-2）

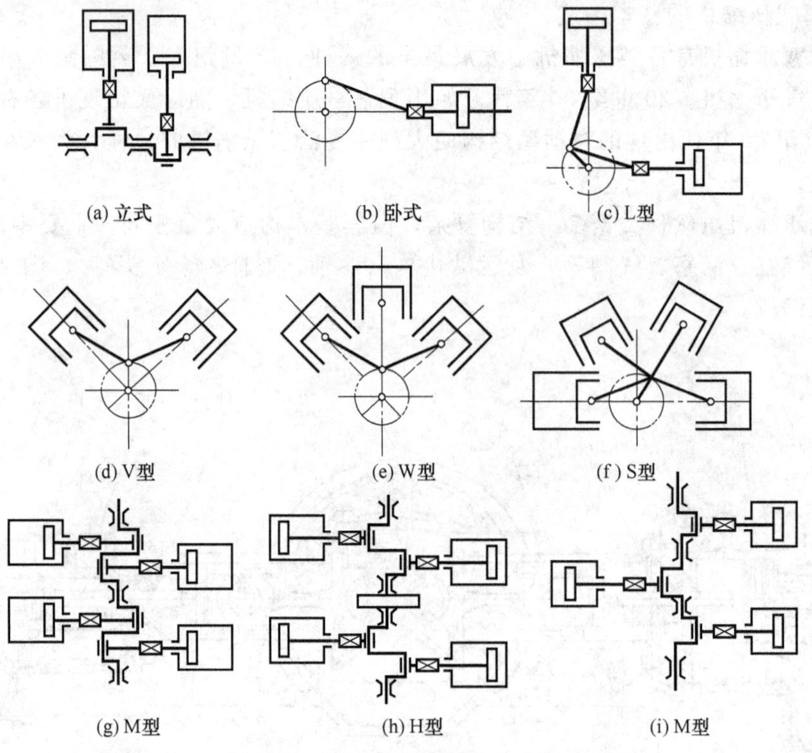

图 2-2 按气缸的排列型式分类

(1) 立式压缩机：气缸中心线垂直布置。其缺点在于气阀和级间管道布置比较困难，不易改型，较大的立式压缩机操作、维修不便。立式压缩机仅用于中、小型及微型，特别是无油润滑压缩机。

(2) 卧式压缩机：气缸中心线水平布置。按其中心线的布置方式，又分为一般卧式、对称平衡型和对置式压缩机。

(3) 角度式压缩机：气缸中心线间具有一定的夹角，按气缸中心线的位置不同，又分为

W 型、V 型、L 型和扇型等。

2. 按排气压力分类（见表 2-1）

表 2-1　按排气压力分类

名　　称	排气压力范围/10^5Pa(表压)	名　　称	排气压力范围/10^5Pa(表压)
低压压缩机	>3～10	中压压缩机	10～100
高压压缩机	100～1000	超高压压缩机	>1000

3. 按排气量分类（见表 2-2）

表 2-2　按排气量分类

名称	排气量范围/(m^3/min)	名称	排气量范围/(m^3/min)
微型压缩机	<1	小型压缩机	1～10
中型压缩机	10～60	大型压缩机	>60

4. 按气缸达到终了压力所需要的级数分类

单级压缩机：气体经一次压缩达到终了压力。

两级压缩机：气体经两次压缩达到终了压力。

多级压缩机：气体经三次以上压缩达到终了压力。

当要求气体的压力较高时，因总的压力比大，用单级压缩不但耗功大，而且因排气温度、活塞力、进气量等的限制而难以实现，所以实际上都采用多级压缩。多级压缩是将气体的压缩过程分在若干级中进行，并在各级压缩之后将气体导入中间冷却器进行冷却。

图 2-3 所示为一个三级压缩机的流程，气体在一级气缸中压缩后，经中间冷却器冷却，并分离出水与润滑油等冷凝液，进入下一级压缩。采用多级压缩可以降低排气温度、减少功率消耗、提高气缸利用率、减少作用在活塞上的最大气体力。图 2-4 所示为多级压缩机的指示图。

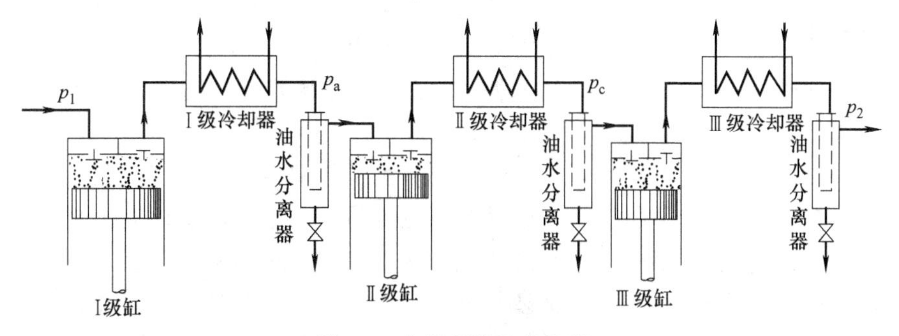

图 2-3　多级压缩机的流程

但级数过多会使结构复杂，易损件增多，级间管路增加，功耗增加，因此，必须合理选择级数与压力比。

通常，第一级的压力比应适当调低，以提高容积系数，增加排气量；当排气量调节或其他工况调节变化时，会引起末级压力比升高，使排气温度过高，所以末级压力比也应适当调低；为了各级活塞力的均匀，有时也需要调整压力比；有的化工工艺对原料气的级间压力有规定，因此压缩机在设计时应据此对级间压力进行适当调整；考虑到压缩机存在的回冷不完善、各级热交换不同、存在压力损失及气阀工作不

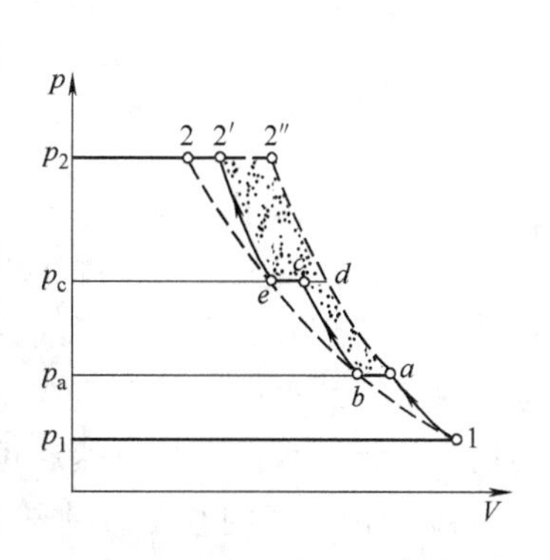

图 2-4　多级压缩机的指示图

良等因素，则要求各级的压力比总体上从低级到高级的分配应是由高到低的。

各级压力比确定后仍应保持总压力比不变，即各级压力比的乘积应等于总压力比。

5. 按活塞在气缸内实现的气体循环分类

单作用压缩机：气缸内仅一端进行压缩循环。

双作用压缩机：气缸内两端都进行同一级次的压缩循环。

级差式压缩机：气缸内一端或两端进行两个或两个以上不同级次的压缩循环。

6. 按压缩机具有的列数分类

单列压缩机：气缸配置在机身一条中心线上。

双列压缩机：气缸配置在机身一侧或两侧两条中心线上。

多列压缩机；气缸配置在机身一侧或两侧两条以上的中心线上。

7. 按功率大小分类

微型压缩机：轴功率小于 10kW。

小型压缩机：轴功率 10～100kW。

中型压缩机：轴功率 100～500kW。

大型压缩机：轴功率大于 500kW。

此外，活塞式压缩机还可以按运动机构的结构特点分为无十字头、带十字头两种；按冷却方式分为风冷式和水冷式；按机器的工作地点是否固定分为固定式和移动式等。

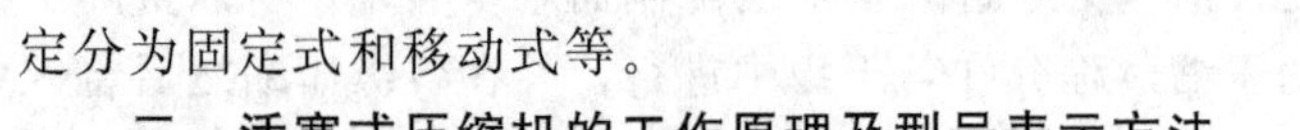

图 2-5 活塞式压缩机结构示意

1—曲轴；2—轴承；3—连杆；4—十字头；5—活塞杆；6—填料函；7—活塞；8—活塞环；9—进气阀；10—排气阀；11—气缸；12—平衡缸；13—机体；14—飞轮

三、活塞式压缩机的工作原理及型号表示方法

（一）活塞式压缩机的工作原理

单级活塞式压缩机的基本结构如图 2-5 所示，原动机通过飞轮带动曲轴 1 做旋转运动，曲轴上的曲柄带动连杆 3 大头回转并通过连杆使连杆小头带动十字头 4、活塞杆 5、活塞 7 做往复直线运动。这就是活塞式压缩机的运动过程。

曲轴连杆机构带动活塞做往复运动，活塞靠曲轴侧的运动极限位置称为内止点，靠缸盖侧的运动极限位置称外止点。两止点间的距离称为最大行程或行程 S。当活塞从外止点向内止点运动时，盖侧气缸与活塞构成的气缸容积增加，气缸内气体膨胀，压力下降，当压力下降到一定程度时，进气管中的气体顶开吸气阀进入气缸，当活塞到达内止点时，吸气阀自动关闭，吸气过程结束，活塞开始向外止点运动压缩气体，缸内气体压力升高，当压力高于排气管中压力时，气体顶开排气阀，开始排气，当活塞到达外止点时，排气阀关闭，活塞又开始向内止点运动，如此曲轴旋转一周，活塞往复运动一次，压缩机就完成了一个从膨胀、吸气、压缩到排气的周期性循环过程。

多级压缩机由多个级组成，所以级是压缩机的基本单元。为建立清晰的概念，先研究较为简单的级的理论循环，然后再研究级的实际循环。

1. 理论循环的基本假设与级的理论循环指示图

压缩机的理论循环是实际循环的简化，是研究压缩机工作的基础，简化假设如下。

（1）排气终了时，被压缩的气体全部排出气缸，无残留气体。

（2）进、排气管道无阻力、无热交换、气流无脉动，从而缸内气体的温度、压力进气时与进气管中的一样，排气时与排气管中的一样。

（3）气缸绝对密封无泄漏。

（4）压缩过程的过程指数为常数。

气缸中气体的压力与容积是周期性变化的，为研究方便，将这种变化表示在压-容图中，如图 2-6 所示。

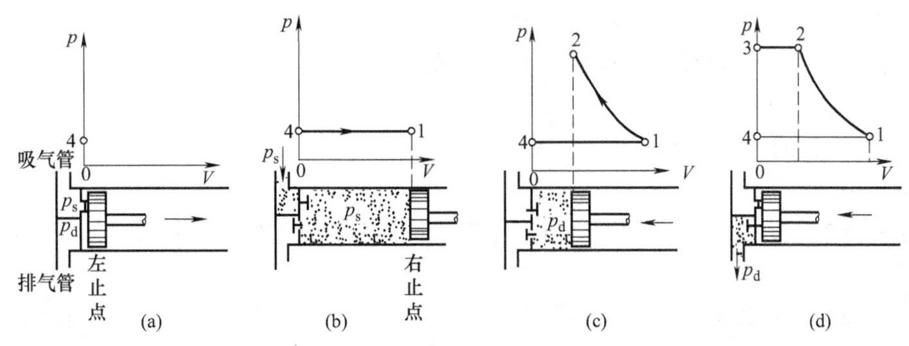

图 2-6　压缩机的理论工作循环

吸气过程 4-1 水平线，气体吸入气缸，缸内气体的体积和质量从零开始增加，进气过程中气体的状态不变。

压缩过程 1-2 线，此过程中气体的质量保持不变，压缩的初始状态为（p_1、V_1、T_1），终了状态为（p_2、V_2、T_2）。

排气过程 2-3 也是一条水平线，气体排出缸外，缸内气体的体积和质量开始减少直至为零，排气过程中气体的状态不变。

可见理论循环仅由吸气、压缩、排气三个过程组成，其中仅压缩过程属于热力过程，另两个过程仅是气体的一般流动过程。

2. 压缩机级的实际循环

压缩机的实际循环较理论循环复杂，如图 2-7 所示的实际循环指示图，若 p_s 表示名义的进气压力，p_d 表示名义的排气压力，则气缸内的压力变化情况与理论循环有很大差别，

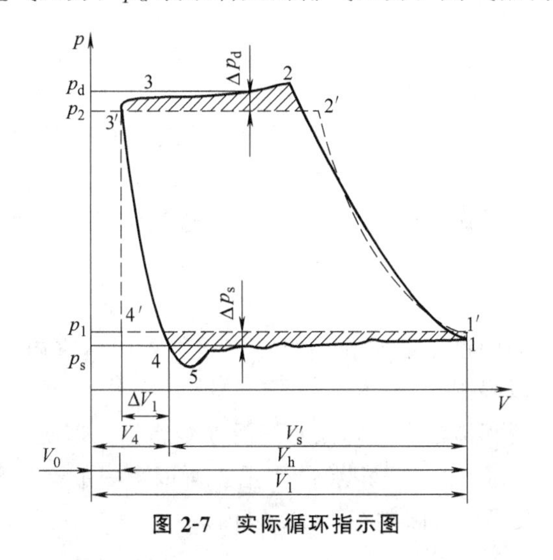

图 2-7　实际循环指示图

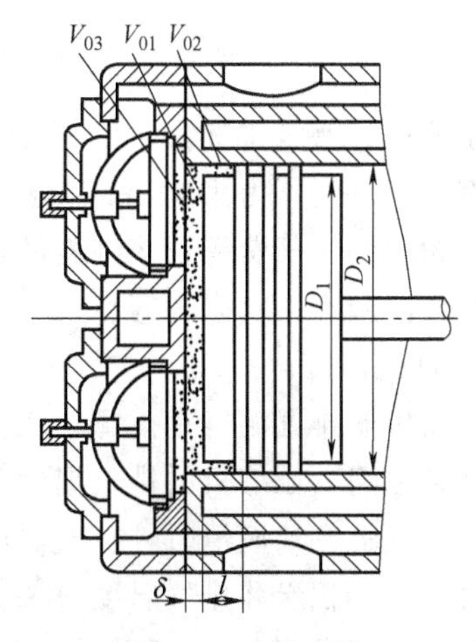

图 2-8　余隙容积

由于实际压缩机的结构、传热等原因，压缩机的实际循环比理论循环复杂，它包括了膨胀、吸气、压缩、排气四个过程，与理论循环比较，其主要特点如下。

(1) 由于实际压缩机有余隙容积 V_0，所以实际循环共有四个过程（膨胀、吸气、压缩、排气），比理论循环多了一个膨胀过程。如图 2-8 所示，余隙容积是指活塞在止点时，气缸中残留气体所占的压缩容积。主要有四个方面：防止活塞端面与气缸盖之间的相撞而留下的间隙容积；气缸至气阀阀片的通道容积；活塞顶部至第一道活塞环间的容积；气阀结构及压力表接管的间隙容积等。

(2) 实际压缩机进、排气阀有阻力损失。

(3) 膨胀、压缩两过程的过程指数不是常数。

(4) 实际循环中有泄漏损失。

(二) 压缩机的主要参数

1. 排气压力

压缩机排气压力通常是指最终排出压缩机的气体压力，排气压力应在压缩机末级排气接管处测量。

多级压缩机末级以前各级的排出压力，称为级间压力，或称为该级的排气压力。

压缩机铭牌上排气压力是指额定排气压力。实际上，压缩机可在额定排气压力以内的任意压力下工作，并且只要强度和排气温度等允许，也可超过额定排气压力工作。

压缩机排气压力的高低是由压缩机排气系统内的气体压力，即“背压”决定的；排气系统内的压力，取决于在该压力下压缩机所排入系统的气量与系统输送的气量是否平衡。

多级压缩机级间压力也服从上述规律。

活塞式压缩机中压力变化反映气量供求变化，压力变化是现象，气量变化是本质。

2. 排气量

压缩机的排气量由三部分相加组成：一是单位时间内，压缩机最后一级排出的气体的容积，换算到第一级进口状态下的压力与温度下气体容积的数值，换算时，对于实际气体要考虑它的压缩性系数；二是单位时间内，级间析出的水分或其他气体组分析出的凝液，折算成的进口状态的气体容积；三是单位时间内，级间净化洗涤、抽取掉（或加入）某些组分的气体的容积。排气量的常用单位是 m^3/min。

排气量的定义式是

$$Q=Q_d\frac{p_d}{p_1}\times\frac{T_1}{T_d}\times\frac{Z_1}{Z_d}+Q_w+Q_c \tag{2-1}$$

压缩机的额定排气量，即压缩机铭牌上标注的排气量，是指特定的进口状态时的排气量，例如，进气压力为 10^5Pa，温度为 20℃。

压缩机的排气量受很多因素的影响，常见的影响因素有进气压力、进气温度、转速、余隙容积、泄漏和进气阻力等。

3. 排气温度

压缩机的排气温度是指每一级排出气体的温度，通常在各级排气接管处或阀室内测定，由于种种原因，压缩机的排气温度都需要加以限制。

(1) 气缸有油润滑时，排气温度过高会使润滑油黏度降低及润滑性能恶化。当使用一般压缩机油时，积炭和排气温度有关，温度在 180～210℃ 积炭最严重。所以，一般空气压缩机的排气温度限制在 160℃ 以内。移动式空气压缩机限制在 180℃ 以内。

（2）氮氢气压缩机考虑到润滑油的润滑性能，一般限制在160℃以内。

（3）对于石油裂解气，压缩机的排气温度一般不超过100℃。

（4）乙炔等不饱和碳氢化合物，排气温度一般不超过100℃。

（5）压缩氯气时，湿氯排气温度限制在100℃以下，干氯气排气温度不得超过130℃。

4. 指示功和功率

压缩机消耗的功，一部分是直接用于压缩气体的，另一部分是用于克服机械摩擦的，前者称为指示功，后者称为摩擦功。主轴需要的总功为两者之和，称为轴功。

单位时间所消耗的指示功称为指示功率。多级压缩机的指示功率为各级实际循环指示功率之和。

压缩机的轴功率是驱动机传给压缩机主轴的功率，它被用于以下三个部分：压缩机的指示功率，这是直接用于压缩气体的功率；压缩机内部各运动部件消耗的摩擦功率；附属机构（如润滑油泵与注油器）消耗的功率。

各级都进行理论循环的压缩机称为理想压缩机。理想压缩机压缩气体所用的总指示功率称为理论指示功率（或理论功率）。压缩机的理论指示功率又分为等温指示功率与绝热指示功率两种。理论指示功率是建立压缩机热效率概念的基础。

（1）等温指示功率（等温功率）　理想压缩机各级进行等温压缩循环时的总指示功率称为等温指示功率（等温功率）。等温指示功率有两种计算方法：一是用压缩机的总压比计算；二是分级计算。

（2）绝热指示功率　理想压缩机各级进行绝热压缩循环时的总指示功率称为绝热指示功率，绝热指示功率都分级计算。

5. 比功率（容积比能）

比功率指的是一定排气压力时，单位排气量所消耗的轴功率，这个指标反映了工作条件相同的压缩机的经济性，动力用空气压缩机常用它作为经济性评价指标。在比较比功率时，应注意进气条件、排气压力，冷却水进入温度及水的消耗量等均应相同。

6. 压缩机的效率

压缩机的机械效率是指示功率与轴功率之比，它主要反映了压缩机内部摩擦损失的影响。常见的效率有等温指示效率、等温轴效率、绝热轴效率、等温绝热效率等。

（三）活塞式压缩机的型号编制方法

活塞式压缩机的型号反映出压缩机的主要结构特点、结构参数及主要性能参数。

原机械工业部标准JB 2589《容积式压缩机型号编制方法》规定活塞式压缩机的型号由大写语拼音字母和阿拉伯数字组成，其内容如图2-9所示。

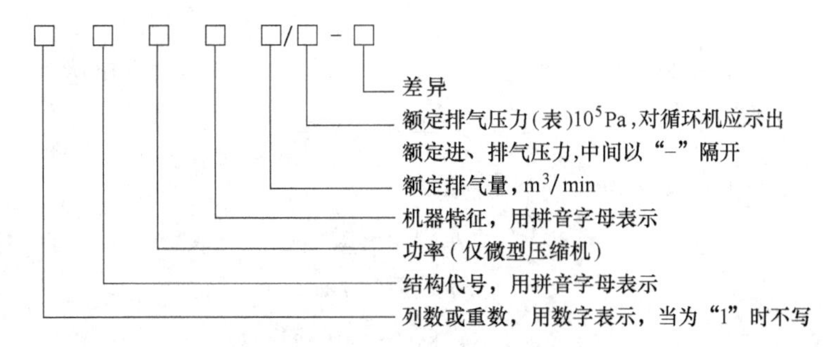

图2-9　活塞式压缩机的型号表示

型号中的压力：在吸气压力为常压力时，仅示出压缩机公称排气压力的表压值。增压压缩机、循环压缩机和真空压缩机均应示出其公称吸、排气压力的表压值（当吸气压力低于常压时，则以真空度表示，同时其前面应冠以负号），且其吸、排气压力之间应以“-”隔开。型号中的结构差异：为了区分容积式压缩机的品种，必要时可以使用结构差异项。

压缩机的全称应该由两部分组成：第一部分即型号；第二部分用汉字表示压缩机的特征或压缩介质。凡属“增压”、“联合”、“循环”、“真空”性质的压缩机均应表明其特性。

压缩机的结构代号及机器特征等可查阅相关资料、手册。

原动机功率小于0.18kW的压缩机不标排气量与排气压力值。

活塞式压缩机型号及全称示例如下：

(1) 4VY-12/7型压缩机：4列、V型、移动式，额定排气量$12m^3/min$，额定排气压力7×10^5Pa。

(2) 5L5.5-40/8型空气压缩机：5表示设计序号，L型，活塞推力5.5×10^4N，额定排气量$40m^3/min$，额定排气压力8×10^5Pa。

(3) 2DZ-12.2/250-2200型乙烯增压压缩机　2列、对置式，额定排气量$12.2m^3/min$，额定进、排气压力250×10^5Pa、2200×10^5Pa。

(4) 4M12-45/210型压缩机　4列、M型，活塞推力12×10^4N，额定排气量$45m^3/min$，额定排气压力210×10^5Pa。

【任务实施】

一、工具和设备的准备

(1) 拆卸工具与钳工工具的准备。

(2) 认识拆装实训中心内不同活塞式压缩机的结构。

(3) 拆卸一台活塞式压缩机，观察其结构并分析其工作原理。

(4) 通过压缩机铭牌，了解压缩机型号表示方法。

二、工具和量具的使用

(1) 熟悉钳工工具及常用拆卸与装配工具的使用方法。

(2) 熟悉装置上仪器、仪表的量程范围和识读方法。

【知识拓展】

一、级的实际进气量V_s

实际循环中，活塞每个行程的进气量总是小于理论循环的进气量，亦即小于行程容积。吸气终了时，吸入新鲜气体的容积比V_h小，如图2-7所示，即

$$V'_s=V_h-\Delta V_1=\lambda_v V_h \tag{2-2}$$

λ_v是一个比1小的系数，称为容积系数，它表征了余隙容积对气缸吸气能力的影响。

$$\lambda_v=\frac{V_h-\Delta V_1}{V_h}=1-\frac{\Delta V_1}{V_h}$$

由过程方程，对理想气体有

$$p_3V_0^m=p_4(V_0+\Delta V_1)^m \tag{2-3}$$

而

$$p_3=p_2,p_4=p_1$$

所以

$$\Delta V_1=V_0\left[\left(\frac{p_2}{p_1}\right)^{\frac{1}{m}}-1\right]$$

则
$$\lambda_v=1-\frac{\Delta V_1}{V_h}=1-\frac{V_0}{V_h}\left[\left(\frac{p_2}{p_1}\right)^{\frac{1}{m}}-1\right] \tag{2-4}$$

于是得到容积系数的计算公式为

$$\lambda_v=1-\alpha(\varepsilon^{\frac{1}{m}}-1) \tag{2-5}$$

(1) 相对余隙容积 α 的取值及影响因素　相对余隙容积 α 越小，则 λ_v 越大，但由于压缩机结构及气阀结构的影响，α 的取值是：低压级 $\alpha=0.07\sim0.12$，中压级 $\alpha=0.09\sim0.14$，高压级 $\alpha=0.11\sim0.16$。α 的值不能过大，否则过多的残余气体的膨胀会占满整个气缸，使进气量等于零。

(2) 名义压力比 ε 的取值与影响因素　ε 越大，则 λ_v 越小，而且压力比越大，则排气温度也越高，而排气温度是有一定限制的，所以，压力比要根据具体情况选取，不能过高。压力比过高，还会使 λ_v 等于零，从而使进气量为零。

(3) 多变膨胀指数 m 的取值与影响因素　多变膨胀指数 m 的值越大，则 λ_v 越大，吸进的气体越多。m 的值取决于气体的性质，以及膨胀过程中气体从气缸得到的热量，吸热越少。则 m 值越大。

级的进气量：按照进气量定义，要将 $V_s'(T_a、p_a)$ 换算到名义吸气状态（T_1、p_1）下，才是级的进气量，若按理想气体状态方程有

$$V_s=\frac{p_a T_1}{p_1 T_a}\lambda_v V_h$$

$\lambda_p=\frac{p_a}{p_1}$称为压力系数。吸气终了压力 p_a 越高则 λ_p 也越高。它的主要影响因素是气阀的弹力与气流的脉动。

$\lambda_T=\frac{T_1}{T_a}$称为温度系数。进气时气体吸热越多，则 λ_T 值越小。λ_T 的值可根据它与压力比形成的坐标图查取。

吸气系数为

$$\lambda_s=\lambda_v\lambda_p\lambda_T$$

则每一行程中实际进气时的计算式为

$$V_s=\lambda_s V_h=\lambda_v\lambda_p\lambda_T V_h \tag{2-6}$$

这是讨论压缩机进气量的一个重要公式，其中 λ_v、λ_p、λ_T 均小于1，所以实际进气量是小于行程容积 V_h 的，亦即小于理论循环进气量，讨论各个系数，对于计算 V_s，提高实际进气量和排气量是很有意义的。

通过上面的计算，再考虑压缩机的泄漏量，就可依式（2-1）计算压缩机排气量。

二、压缩机中的作用力分析

压缩机运转时，会产生各种力，并相互发生作用。下面将对这些力进行分析。

压缩机正常运转时产生的作用力主要有这几种：往复和不平衡旋转质量造成的惯性力；气体压力造成的作用力，随着曲柄转角 α 变化；接触面相对运动时产生的摩擦力，摩擦力始终与运动方向相反，也随着曲柄转角 α 变化，相对于惯性力小得多，比较复杂；各机件本身的重力，其作用相对较小，不考虑。

1. 惯性力

压缩机中各运动零件，若做不等速运动或做旋转运动时，便会产生惯性力。惯性力的大小和方向，取决于运动件的质量和加速度。往复惯性力用 I 表示，其计算公式如下：

$$I = m_s a = m_s r\omega^2(\cos\alpha + \lambda\cos2\alpha) = m_s r\omega^2\cos\alpha + m_s r\omega^2\lambda\cos2\alpha = I_1 + I_2 \tag{2-7}$$

式中　m_s——压缩机整个运动机构往复运动的总质量；

α——曲柄旋转夹角；

λ——曲柄旋转半径和连杆长度比，一般 $\lambda<1/4$；

规定：

(1) $I_1 = m_s r\omega^2\cos\alpha$ 为一阶往复惯性力，可以看出，其变化的周期等于曲柄旋转一周的时间，其最大值是在 $\alpha=0°$ 时并等于 $m_s r\omega^2$，最小值是在转角 180°时，并等于 $-m_s r\omega^2$。

(2) $I_2 = m_s r\omega^2\lambda\cos2\alpha$ 为二阶往复惯性力，其变化的周期为半周的时间，其最大值是在 $\alpha=0°$ 和 $\alpha=180°$ 时，并等于 $\lambda m_s r\omega^2$，最小值是在 $\alpha=90°$ 和 $\alpha=270°$ 时，并等于 $-\lambda m_s r\omega^2$，可见二阶往复惯性力的最大值为一阶往复惯性力的最大值的 λ 倍。

往复惯性力的方向，始终沿着滑道的方向。

2. 离心惯性力

未平衡的旋转质量惯性力——离心力 I_r，是个大小不变的定值，其计算公式如下：

$$I_r = m_r r\omega^2 \tag{2-8}$$

式中　m_r——压缩机整个运动机构旋转部分的总质量；

离心惯性力的方向，始终沿着曲柄半径方向向外。

3. 气体力

气缸内的气体力是随着活塞的运动，随着曲轴转角 α 而变化的，作用在活塞上的气体力，为活塞两侧各相应气体压力与各活塞有效面积的乘积的差值，如活塞的一侧为大气，或为平衡腔，则大气压力或平衡腔中气体压力所产生的作用力也要考虑，但由于它们是不变的数值，处理比较方便。

4. 摩擦力

接触表面间产生的摩擦力，其值取决于彼此间的正压力及摩擦因数。作用于运动件上的摩擦力，其方向始终与运动方向相反。摩擦力大小也随曲轴转角 α 而变化。

5. 作用力分析

如图 2-10 所示，当曲轴处于任意转角 α 时，假定气体力 F_g 和往复惯性力 I 合成的活塞力为 F_p，它先作用在十字头销或活塞上，然后沿着活塞杆传递下去。

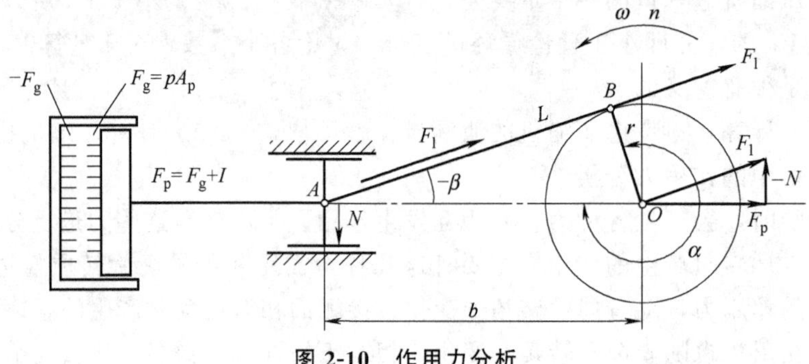

图 2-10　作用力分析

由于连杆是摆动的，设它和气缸轴线间摆动的夹角为 β，并假定向曲轴旋转的同方向摆动为正值，向旋转的相反方向为负值，则传递到连杆上的作用力 F_1——连杆力为

$$F_1 = \frac{F_p}{\cos\beta} \tag{2-9}$$

同时，当连杆与轴线成β夹角时，十字头上也产生了一个压向十字头导轨的分力N（侧向力），其值为

$$N=F_p\tan\beta \tag{2-10}$$

现在可以认为，作用于点A的力F_p，已由两个分力来代替，一个是连杆力F_l，它沿着连杆传递下去，另一个是侧向力N，由导轨产生一个反作用力$-N$和它平衡。

连杆力F_l沿着连杆轴线传到曲柄销中心点B，它对曲轴产生两个作用。

一个是连杆力相对于曲轴中心构成一个力矩M_y，其值为

$$M_y=F_l h=F_p r\frac{\sin(\alpha+\beta)}{\cos\beta} \tag{2-11}$$

M_y的方向和曲轴的旋转方向相反，也就是和原动机输入的驱动力矩方向相反，故它起着阻止曲轴旋转的作用，故称为阻力矩。

连杆力另一个作用是使曲轴的主轴颈向主轴承上作用一个力F_l。

由于活塞上气体力和往复惯性力作用的结果，在十字头导轨上作用一个侧向力N，它由导轨产生的反作用力$-N$与之平衡；在曲轴上作用一个阻力矩M_y，要由外界供给的驱动力矩M_d与之平衡；在主轴承上作用着一个力F_l，它由主轴承产生的轴承支反力$-F_l$与之平衡。

作用于主轴承上的力F_l，还可以分解为水平方向和垂直方向的两个分力。

垂直方向的分力恰好等于侧向力，即

$$F_l\sin\beta=\frac{F_p}{\cos\beta}\sin\beta=F_p tan\beta=N \tag{2-12}$$

水平方向的分力恰好等于总活塞力，即

$$F_l\cos\beta=\frac{F_p}{\cos\beta}\cos\beta=F_p \tag{2-13}$$

此外，主轴承上还作用有离心惯性力I_r。

6. 阻力矩

压缩机的阻力矩M_y随转角α周期变化，而驱动机的驱动力矩M_d是不变的，虽然在机器每一转之中，阻力矩所消耗的功与驱动力矩所供给的功保持相等，但每一转中的每一瞬时，两者的数值是不相等的，因此要使主轴产生加速与减速现象。即

$$M_y-M_d=-J\varepsilon \tag{2-14}$$

式中　J——压缩机机组中的全部旋转质量的惯性矩；

　　　ε——压缩机主轴的角加速度。

不希望在旋转一周之中机器的角速度有很大的变化，因此可以人为地增加J，也就是用加飞轮的办法来提高J值，以减小角加速度ε。

通过分析可知，气体力属于内力，一般不传到机器外边来，往复惯性力与回转惯性力是自由力，能传到机器外边来，引起机器的振动。倾覆力矩属于自由力矩，也能传到机器以外，但当压缩机和原动机置于同一底座上时或者压缩机与原动机身连成整体时，传出的力矩是M_y与M_d之差，阻力矩与驱动力矩不一致需要用飞轮来平衡。

任务二　活塞式压缩机的拆卸与测量

【任务描述】

通过检修活塞式压缩机，要熟悉压缩机的拆卸步骤，制定拆卸规程，掌握拆卸过程的测

量内容和测量方法。

任务的完成：了解活塞式压缩机拆卸检修的内容、要求；了解待拆卸压缩机的结构，根据结构，制定拆卸检修规程和测量内容。在拆卸开始前要做好充分的准备，拆卸过程中，做好检查记录。

【相关知识】

一、活塞式压缩机拆卸检修前的准备

（一）活塞式压缩机的拆卸检修要求

活塞式压缩机的机型有所差异，其检修规模、检修内容、间隔期也有所不同，但一般检修内容基本相同。

1. 小修内容（检修周期 3 个月，检修工期 1～2 天）

（1）检查加固气体管道、附属设备的支架以及主机紧固件连接的牢靠情况。

（2）更换已泄漏的各种阀门，消除跑、冒、滴、漏。

（3）检查或更换注油泵、注油止逆阀，清洗循环油过滤器，检查或清洗安全阀进出管道内的污物。

（4）检查或更换气阀、气缸填料密封环和活塞环等。

（5）配合仪表工检查或更换压力表及工艺控制点仪表。

2. 中修内容（检修周期 12 个月，检修工期 12～16 天）

除进行小修的全部内容外，还要进行以下工作。

（1）检查活塞杆及活塞的装配位置，检测活塞杆的圆度、圆柱度、直线度偏差及其他损伤情况。

（2）检测气缸的水平度、气缸镜面磨损程度及其他缺陷，更换气缸套。

（3）检测主轴瓦与曲轴的径向间隙、曲轴轴向窜量，更换或修刮主轴瓦。

（4）检测曲轴安装及其圆度、圆柱度偏差，检查曲轴有无裂纹。

（5）检测连杆大头瓦径向和轴向间隙，更换或修刮大头瓦，检查连杆螺栓有无损伤。

（6）检查或调整十字头在滑道中的装配位置，检查十字头销磨损及与十字头的配合情况、十字头滑板磨损及与滑道的间隙，检查十字头销固定螺栓、十字头颈及连接器有无裂纹，必要时进行探伤检查。

（7）检查或更换刮油环；检查或校验安全阀。

（8）拆卸、修理、清洗注油器并试压；拆卸、修理循环油泵并清洗循环油系统，更换润滑油。

（9）清洗冷却水夹套、冷却器、缓冲器及油水分离器等附属设备。

（10）配合电工对电机、电器部分的检修。

3. 大修（检修周期 36 个月，检修工期 16～22 天）

除进行中、小修的内容外，还要进行以下工作。

（1）检测气缸与十字头滑道的同轴度偏差、曲轴中心线与十字头滑道中心线垂直度偏差。

（2）检测机身的水平度及十字头滑道的磨损情况。

（3）对曲轴、连杆、活塞、活塞杆及十字头应力集中处进行探伤检查；对气缸上连接螺栓以及其他重要螺栓进行探伤检查，必要时更换。联轴器、盘车器进行检查修理。

（4）检查机身有无裂缝、渗漏等缺陷，地脚螺栓有无松动，基础有无沉陷等缺陷。

（5）对缓冲器等附属设备进行必要的探伤、测厚及焊缝检查，及强度和气密性试验。

（6）检查或更换气体工艺管道及气路各种阀门。

（7）对主机、附属设备、管道全面涂漆防腐。

（二）活塞式压缩机检修前的准备

（1）物资准备　包括检修用工器具准备、检修所用物资的准备以及备品备件的准备。

（2）技术准备　在工程技术人员进行检修方案交底的基础上，熟悉所检修压缩机的任务、检修技术要求、检修的工期和计划以及在检修中应该注意的事项，同时，应主动了解被检修机器在停车检修前的运行情况及存在的缺陷，以便做到心中有数。配合技术人员和老师傅查阅有关被检修机器的图纸，更进一步明确主要零部件的技术要求及质量标准。

（3）人员准备　在接受有关技术人员和检修负责人布置任务的同时，熟悉参与检修的其他工种的情况，养成协同配合、共同完成检修任务的工作习惯；配合单位做好安全注意事项的落实，因多工种的交叉作业势必会带来检修的不安全。

二、活塞式压缩机拆卸的原则及技术要求

1. 压缩机拆卸时应遵循的原则和注意事项

（1）清理现场，保持现场干净清洁，消除不安全因素。

（2）要熟悉所拆机器的结构，制定详细的拆卸计划，以免发生先后倒置，造成混乱，对不易拆卸或拆卸后对连接质量有影响，甚至造成损坏的，要尽量避免拆卸。拆卸过程中要用手锤或冲击棒冲击零件时，应垫好软衬垫或用软材料（如铜棒等），以防止损坏零件表面，切忌贪图省事，猛拆猛敲，造成零件损坏变形。

（3）拆卸时应按照与装配相反的程序进行，一般从外部拆卸到内部，从上部拆卸到下部，先拆卸部件或组件，再拆卸零件。

（4）拆卸时要使用专用工具、夹具，必须保证合格零件不发生损伤。

（5）由于大型压缩机的零部件都很重，要准备好起吊工具（如绳、钢丝、手拉葫芦等），并注意保护好零部件，不要碰伤和损坏，要注意安全操作。

（6）对拆卸下来的零部件，要分门别类放在适合的位置，不要乱放。对大件、重要的机件，应放在垫木上（如活塞、连杆、曲轴等），要特别防止因放置不当而产生的变形，对于小件，易丢失的零件，应单独收起保管。

（7）对于拆卸的零部件，尽可能按照原来的状态放在一起，对成套或不能互换的零件要做好标记，放在一起，以免混乱，影响装配，甚至发生装配错误。

活塞式压缩机的种类很多，但基本结构大致相同，拆卸时一般按照下列顺序进行，即压缩机→气阀→气缸盖→十字头与活塞连接器→活塞组件→气缸体→中体→十字头→连杆→曲轴→机身。

2. 拆卸的技术要求

拆卸工作是压缩机检修过程的开始，是重要环节。只有对机器进行拆卸才可以检查零部件是否磨损或损坏，以便确定具体的修复方法及对零部件进行修复或更换。

为使拆卸顺利进行，拆卸前应仔细查阅设备图纸和组件，先拆成部件，再分拆成零件。拆卸时要使用专用的工具、夹具，必须保证不损坏合格零件；需用手锤或冲棒冲击才可拆卸的零件，应垫好软垫，最好采用紫铜棒，以防止损坏表面；对于笨重零部件拆卸，要准备好起吊工具、绳套，并在捆绑时注意保护机件；对易产生位移又无定位装置或具有方向性的配合件进行拆卸时，最好预先做好标记，以便装配时辨认；拆下的较小、易丢失的零件，清理后应尽可能再装到部件上，或用塑料袋装好，以防丢失。在拆卸过程中，检查、测量工作也应随之进行，并应及时将测量结果准确记录，此记录为原始记录，应妥善保管；发现损坏的零件应及时修理或更换。零部件拆卸后应及时清洗，检查完好的零部件应妥善放置、保管，以便再用。

三、活塞式压缩机主机的拆卸与测量

（一）气阀的拆卸与余隙的测量

检修开始时，首先对各级气缸上的进气阀、排气阀进行拆卸。先拆去气阀阀盖螺母，注意对称地留两个螺母，先用顶丝（或螺丝刀）把阀盖撬开一点，证明气缸内无压力后，再将螺母全部卸去；而后拆下阀盖，取出压筒和气阀。若因存在结焦、积炭等，气阀较难从阀室中取出时，可用铜棒轻轻敲击，也可用加长杆进行拆卸，如图 2-11 所示。

各级气阀拆下后，需要对活塞与气缸间的余隙进行测量。测量时，将直径适当的铅丝从气阀腔口中伸入气缸内，并贴在气缸盖的端面上。然后，启动盘车器（或用手动）盘车，使活塞往复运动，当活塞运动至内、外止点时挤压铅丝，待活塞离开后将压扁的铅丝取出，读数即为所测的余隙值，为测量精确，可连续测量 2 次后将数据进行比较或取平均值。此值的大小应符合技术要求，太大影响排气量，太小则会出现撞缸等现象。

（二）活塞组件的拆卸与测量

1. 活塞的拆卸与测量

拆去气缸盖后盘车，使活塞分别停在气缸的前、中、后位置，用塞尺测量气缸与活塞间上、左、右三个方向的径向间隙，并做好记录。

拆卸时，先拆下中体上的油窗。盘车，使十字头处于合适位置，拆去活塞杆螺母的防松装置，将活塞杆螺母松开，然后将活塞杆与十字头之间的连接器拆下，使活塞杆与十字头脱开，再将活塞杆螺母卸掉，用电工胶布将活塞杆螺纹包上，以免拆卸过程中损坏螺纹。盘车，将活塞从气缸中推出，在合适的位置捆绑好钢丝绳，并用吊车将活塞从气缸中拖出，放在垫好橡胶或枕木的平台上。

无十字头压缩机，直接将活塞与连杆连接的活塞销拆下，即可将活塞取出。

测量活塞的圆度和圆柱度偏差、活塞端面与活塞杆的垂直度偏差。当活塞环取出后，还应测量活塞环槽两端面对活塞中心的垂直度偏差，方法如图 2-12 所示。

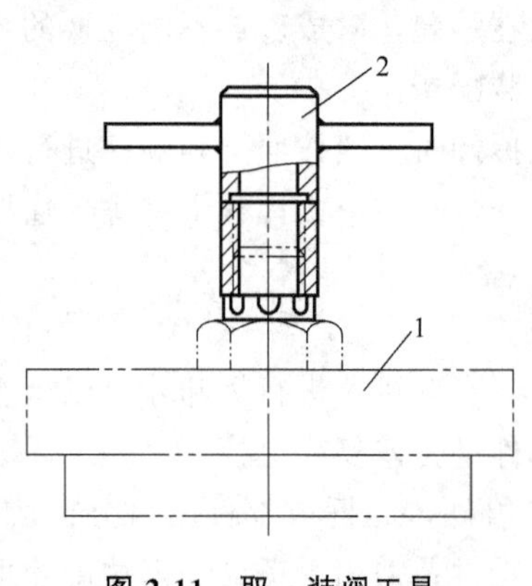

图 2-11 取、装阀工具

1—阀组；2—专用工具

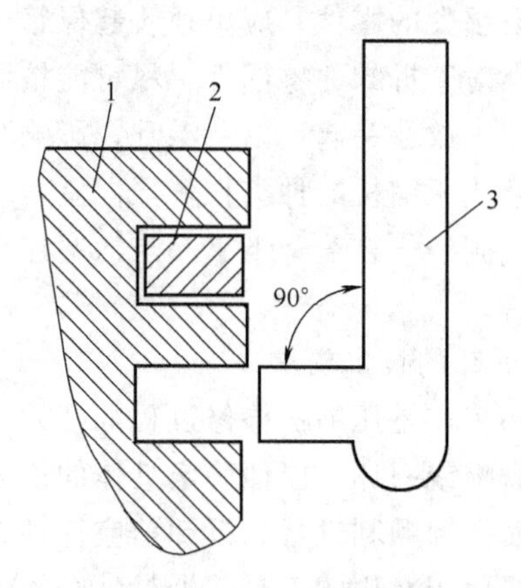

图 2-12 用样板检验活塞环槽的垂直度偏差

1—活塞；2—活塞环；3—样板

对于串联式活塞，可用上述方法将几级活塞同时拆下，而后进行解体。

2. 活塞环的拆卸与测量

拆卸大型活塞环最常用的方法是手工拆卸，方法如图 2-13、图 2-14 所示。先把一块宽 8～10mm、厚 1.5mm 的铜板插入活塞环与活塞缝隙之内，再转动活塞环，逐步按圆周方向插入 3～5 块，即可将活塞环退出；也可用布分别挂在活塞环切口两端，从两方向均匀用力，使活塞环水平张开，将活塞环取下。手工拆卸时，应特别注意防止两端用力不均把环劈成一个斜开口，这样极易使活塞环变形。

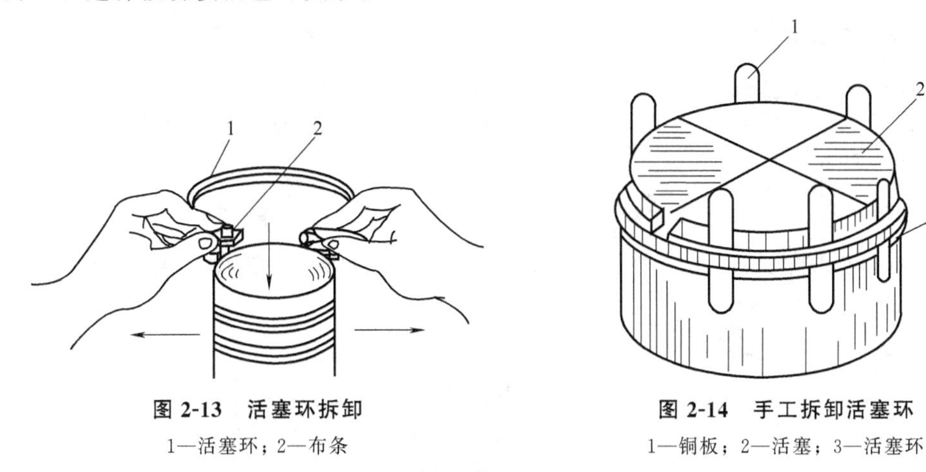

图 2-13　活塞环拆卸

1—活塞环；2—布条

图 2-14　手工拆卸活塞环

1—铜板；2—活塞；3—活塞环

大型活塞环还可用专用工具拆卸，如图 2-15 所示。拆卸时，用夹块 1 上的顶丝 2 顶紧活塞环的一端，另一手用力稍掰开一点，也用另一夹块上的顶丝顶紧，转动手轮 4，使活塞环逐渐张开直至将活塞环拆下，然后再把两端顶丝松开即可。

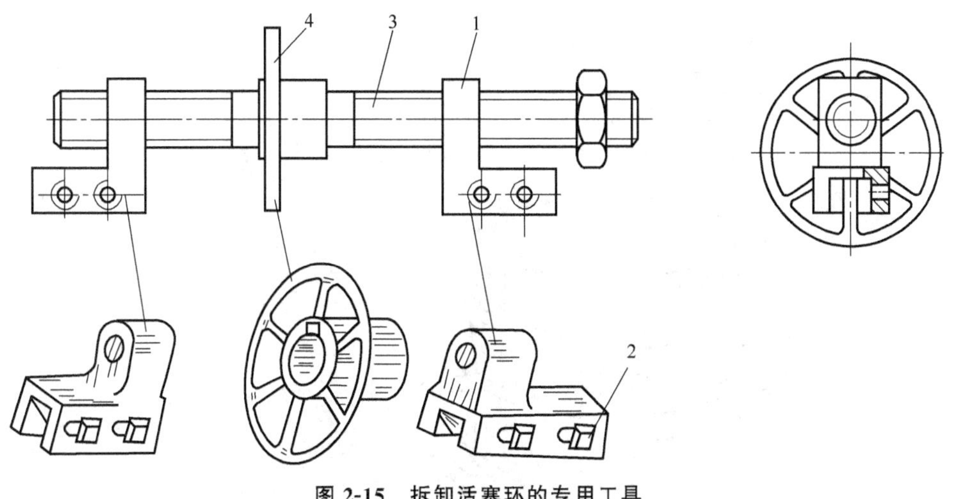

图 2-15　拆卸活塞环的专用工具

1—夹块；2—顶丝；3—正反扣丝杠；4—手轮

小型活塞活塞环的拆卸可用专门的活塞夹钳，也可用铁丝环形套进行拆卸。

将拆下的活塞环放回气缸，测量活塞环的开口间隙，如图 2-16 所示；活塞环与气缸的径向间隙可按图 2-17 所示方法用灯光做漏光检验。

将活塞环放入活塞环槽内，测量活塞环两端面与活塞环槽间的配合间隙，方法如图 2-18、图 2-19 所示。

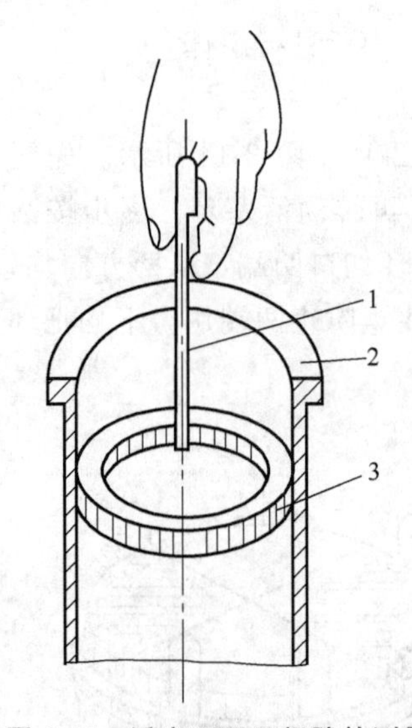

图 2-16　活塞环开口间隙的测量

1—厚薄规；2—气缸套；3—活塞环

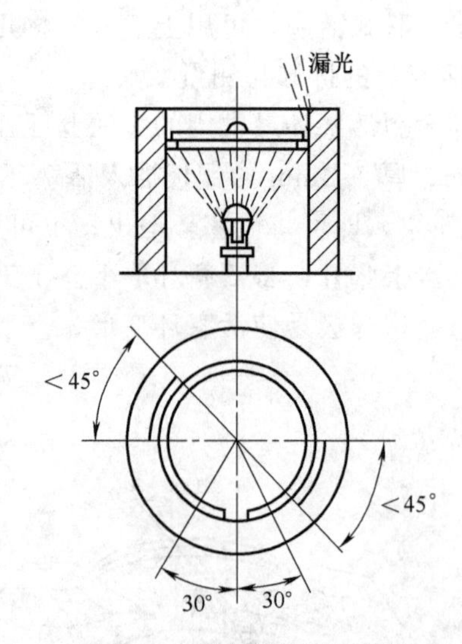

图 2-17　活塞环的漏光检验

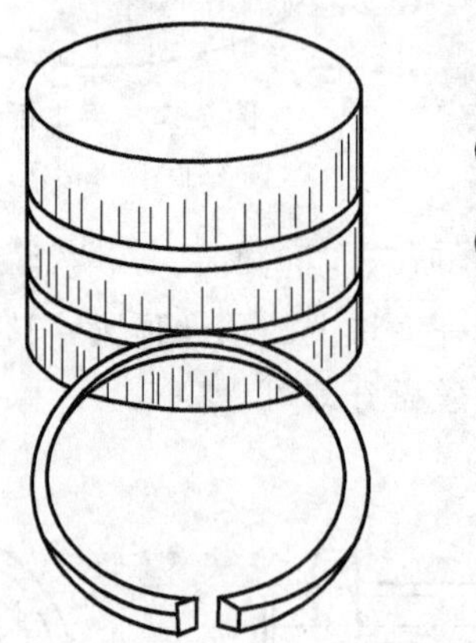

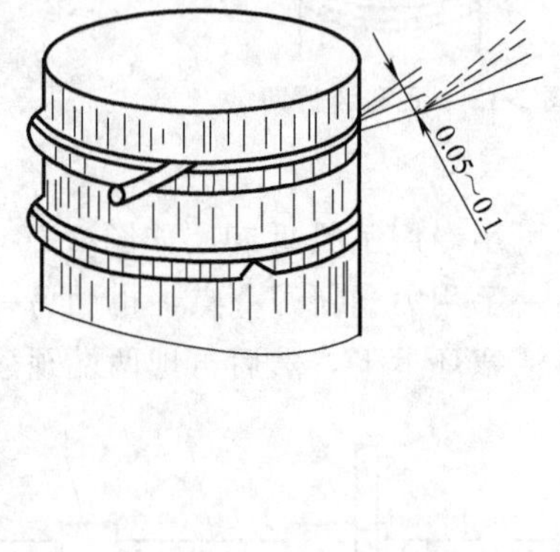

图 2-18　活塞环两端面与活塞环槽的配合间隙

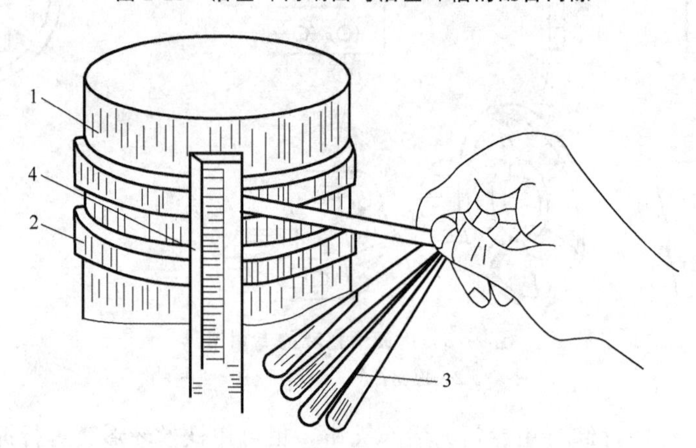

图 2-19　活塞环与活塞环槽径向间隙的检验

1—活塞；2—活塞环；3—厚薄规；4—直尺

3. 活塞杆的拆卸与测量

拆下活塞杆与活塞连接螺母上的防松装置，用专用扳手松开并卸掉连接螺母，即可将活塞杆与活塞分离。

在活塞杆的前、中、后任选三个截面，用外径千分尺测量并计算出活塞杆的圆度、圆柱度偏差及最大磨损量。

（三）气缸的拆卸与测量

拆卸前，应用水平仪测量气缸的水平度偏差，测量时应在气缸上前、中、后选三点进行。拆卸时，应先将与气缸相连接的进、出口管法兰螺栓松开，拆去气缸上的冷却水管及注油管等，并将管路口用盲板封住或用塑料布包裹，以防检修时杂物落入；拆除气缸填料函压盖的注油管、回气管等；在气缸缸体的合适位置上捆绑好钢丝绳后即可对气缸进行拆卸。

气缸拆卸时，首先应拆下气缸缸盖（也称缸头）螺栓，用顶丝将缸盖顶开，再用吊车将缸盖吊下，放在合适的位置。由于煤焦油、灰分的堆积或气缸油的炭化，缸盖在拆卸时会较为困难。

中、高压段气缸往往采用几级气缸串联方式进行连接。拆卸时，应首先拆除最前段气缸，而后再顺次拆除后面气缸，拆卸及测量方法与低压段基本相同。

将拆下的气缸放在合适的位置，并在气缸的前、中、后任选三个截面，用内径千分尺测量上下、左右两方向的数值，计算气缸内径的圆度、圆柱度偏差及最大磨损量。

需要说明的是，一般情况下对于低压段气缸不进行拆卸，只有发现缸体存在严重缺陷或需更换气缸时才按上述方法进行拆卸。

（四）连杆、十字头的拆卸与测量

1. 连杆的拆卸与测量

拆卸连杆前，应首先将曲轴箱上的顶盖拆下吊出。

盘车，使连杆处于合适位置，将连杆螺栓防松装置拆除，拆下连杆螺母、螺栓，将连杆大头盖轻轻吊出，并将连杆体用钢丝绳捆好吊住；拆下十字头销上的防松装置，待十字头销从十字头上拆下，再次盘车，使连杆与十字头、曲柄销分离，缓缓吊出连杆。

拆卸时，应用压铅法测量连杆大头瓦与曲柄销之间的径向间隙。将 0.5mm 粗的铅丝用黄油粘在连杆大头瓦内壁上，回装大头瓦及大头盖，在曲柄销上拧紧连杆螺栓，然后松开螺

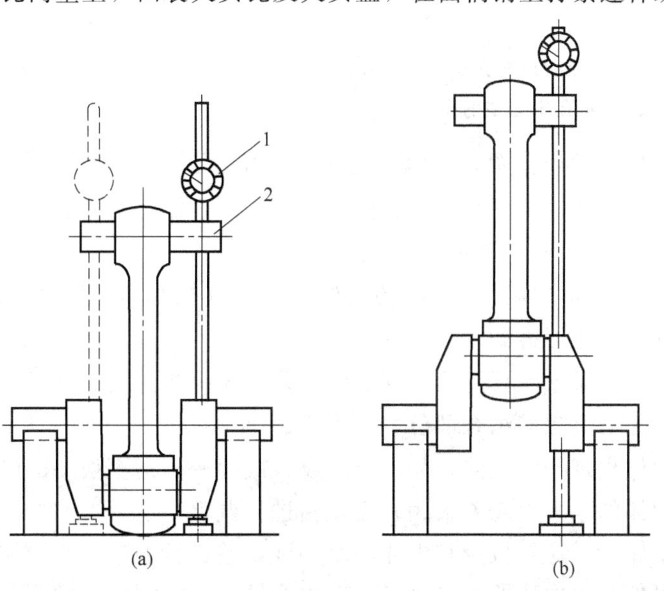

图 2-20　用千分表检验连杆大头轴瓦孔与小头衬套孔中心线的平行度偏差

1—千分表；2—检验轴

栓，吊出大头瓦，取下压扁的铅丝，用外径千分尺测量其厚度，其值即为径向间隙值。

连杆吊出后，应用千分表测量连杆大头轴瓦孔与小头衬套孔中心线的平行度偏差，方法如图 2-20 所示。垂直吊起连杆，将加工好的假轴（或曲轴）放入连杆大头轴瓦孔内，十字头销放入小头衬套孔内，用外径千分尺（或千分表）测量左右两边的距离，记录下数据，即可计算出平行度偏差值，为精确起见，可将曲轴旋转 180°再测量一遍，将数值进行比较。

如图 2-21 所示，将曲轴颈（或假轴）放在水平的 V 形铁上，用千分表测量连杆大头轴瓦孔中心线和小头衬套孔中心线的扭曲度。

2. 十字头的拆卸与测量

中体油窗拆开后，将十字头停在滑道的前、中、后三个位置，在上滑板两边各选三个点，如图 2-22 所示，用塞尺测量十字头与滑道之间的配合间隙，同时测量下滑板与滑道之间应无间隙，在装刮油器的止口处选上、下、左、右四个点用内径千分尺分别测量其到十字头脖颈的距离，计算出十字头中心线的偏差值。

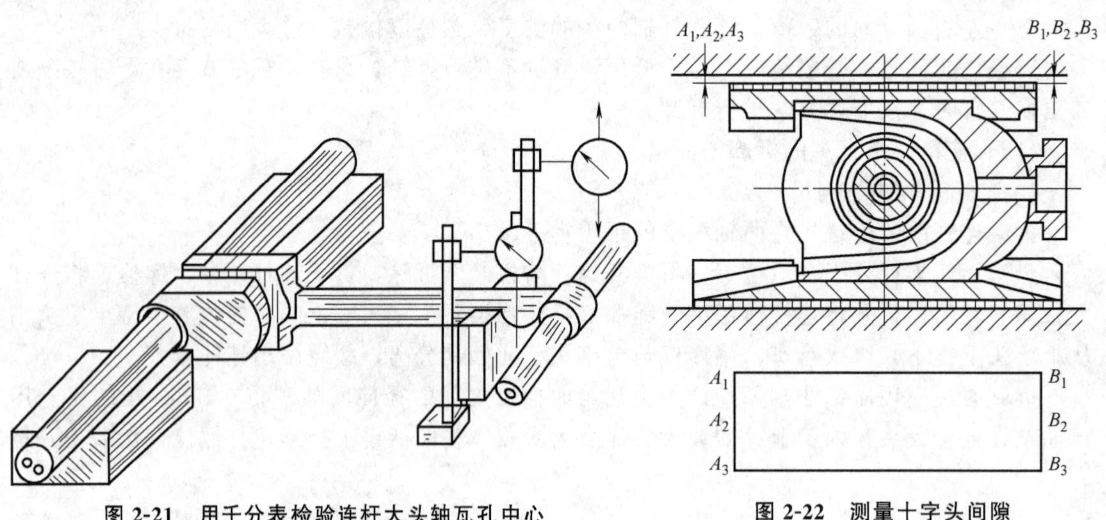

图 2-21 用千分表检验连杆大头轴瓦孔中心线与小头衬套孔中心线的扭曲度

图 2-22 测量十字头间隙

盘车，使曲轴处于适当位置，用撬杠把十字头沿滑道从曲轴箱中撬出，当大部分滑出后，用钢丝绳捆绑好，用吊车将十字头从曲轴箱内吊出，注意不要碰坏其他零部件。

（五）机身和中体的拆卸与测量

一般情况下，机身和中体是不拆卸的。但是在检查机身和中体基础时，如发现下列情况，则应对机身和中体进行拆卸。

（1）基础下沉较严重或主要部位出现裂缝，影响压缩机的正常运行。

（2）机身、中体与基础的结合部位严重脱离。

（3）机身或中体出现严重缺陷，如严重裂纹、破损等，需更换新的机身和中体。

（4）机身或中体的水平度超差很大，需重新进行调整。

拆卸机身和中体前，应对机身和中体的水平度偏差进行测量。在中体的前、中、后三个位置，分别用水平仪测出中体的纵向水平；取出主轴下瓦，测量主轴下瓦窝水平，以下瓦窝的水平为机身的纵向水平，以机身的上端测量机身的横向水平，如图 2-23 所示。同时，还

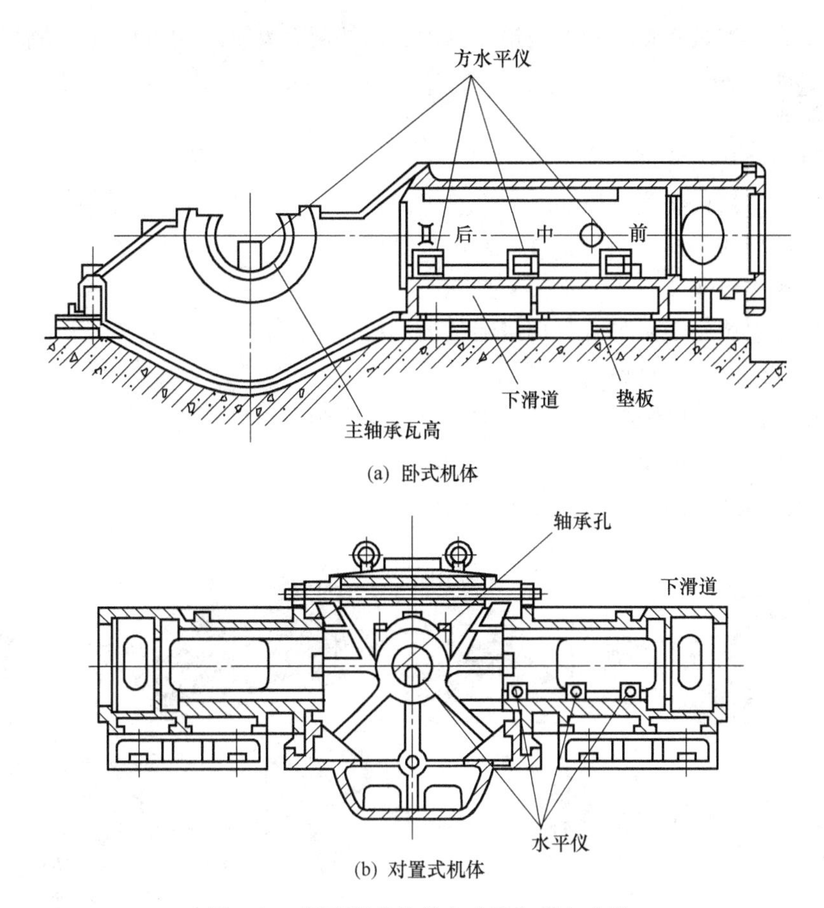

(a) 卧式机体

(b) 对置式机体

图 2-23 测定机身的纵向水平和横向水平

应以机身基础或附近其他建筑物为基准，测量机身中心线的标高。

立式压缩机还应测量机身和中体的同轴度偏差，卧式压缩机应用拉线找正等方法测量机身和中体对中心线的垂直度偏差、两机身中心线的平行度偏差及十字头滑道中心线对机身主轴承座孔中心线的垂直度偏差等。

拆卸中体和机身时，应先清除掉中体和机身四周的水泥灌浆层，使垫铁高度全部露出来，并记录好垫铁的位置和高度，然后用小千斤顶进行试顶，如机身稍有升起，则可将各千斤顶顶起，使机身全部离开基础表面，而后用吊车吊起，移离原位，放置妥当，以便进行检查和修理。

（六）其他零部件的拆卸与测量

(1) 填料函及刮油器的拆卸　拆下刮油器上的紧固螺栓，将刮油器从中体上卸下，由油窗中取出。拆除填料函与气缸的固定螺栓，用顶丝将填料函整体从气缸上分离出来。

(2) 主轴承的拆卸与测量　拆下主轴承的端盖及轴承压盖上的油管，取下仪表测温热电偶，测量主轴台肩与轴瓦端轴向间隙。松开轴承压盖上的紧固螺栓，拧动顶丝使压盖松动，用吊车吊出；用压铅法测量曲轴轴颈与主轴轴瓦间的径向间隙，方法同前。吊起主轴，将底瓦旋转卸出。

(3) 曲轴的拆卸与测量　盘车，使曲轴的曲柄停在上、下、左、右四个位置，用水平仪分别测量曲柄销和主轴轴颈的水平度偏差。

曲轴拆出后，测量主轴颈和曲柄销的圆度、圆柱度偏差及最大磨损量，方法同前。

【任务实施】

一、工具和设备的准备

（1）活塞式压缩机装置，压缩机的主要零部件。

（2）常用的拆卸工具、测量工具、钳工工具等。

二、任务实施步骤

（1）阅读压缩机图纸，了解待拆压缩机的结构。

（2）确定压缩机拆卸检修内容。

（3）根据检修内容制定拆卸方案和突发事件安全预案。

三、气阀的拆卸与测量

气阀的拆卸与余隙的测量如图 2-24 所示。

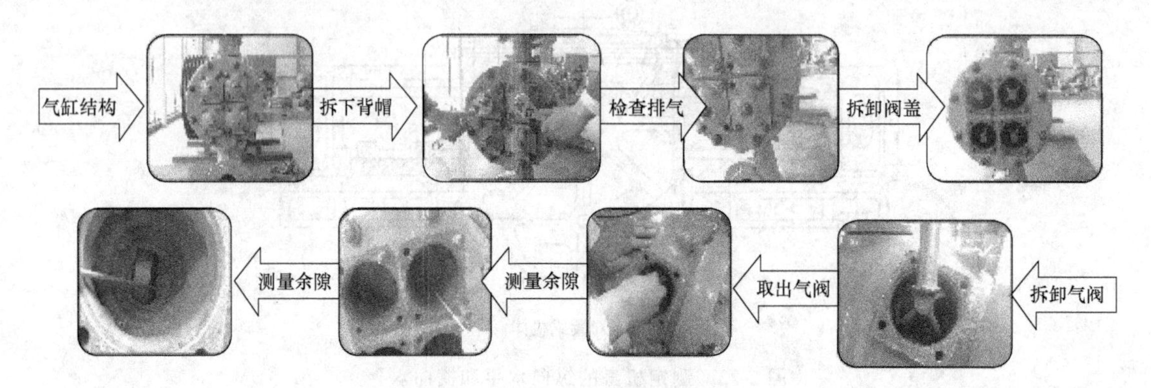

图 2-24 气阀的拆卸与余隙的测量

四、连杆、十字头的拆卸与测量

连杆、十字头的拆卸与测量过程如图 2-25 所示。

图 2-25 连杆、十字头的拆卸与测量过程

【知识拓展】

压缩机拆卸框图

压缩机的拆卸程序如图 2-26 和图 2-27 所示。

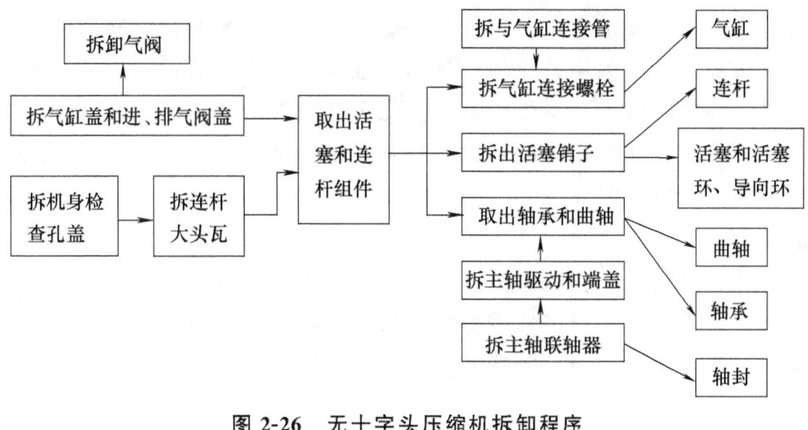

图 2-26　无十字头压缩机拆卸程序

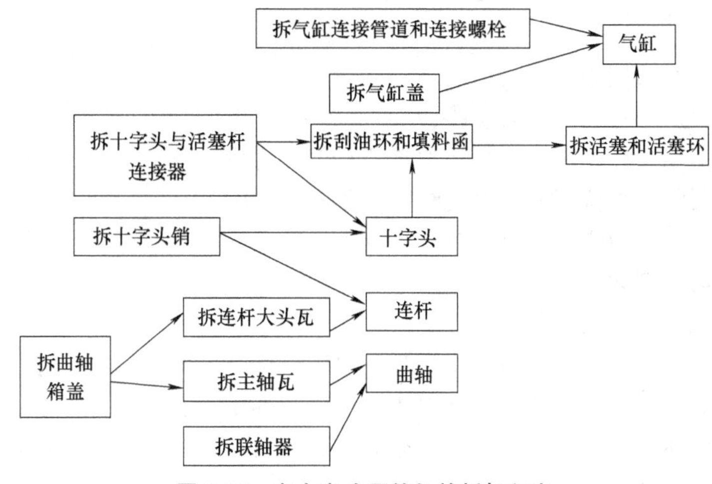

图 2-27　有十字头压缩机的拆卸程序

任务三　活塞式压缩机机身的结构与检修

【任务描述】

活塞式压缩机的机身用来支承和安装整个运动机构和工作机构，并保证其相对位置，同时机身兼作润滑油箱用，机身承载压缩机的各种力的作用，因此机身是保证压缩机正常运行的关键。对压缩机机身进行检修，了解机身的作用和容易出现的问题，针对检修要求做好准备工作。

【任务分析】

任务的完成：从了解活塞式压缩机机身的结构和作用入手，掌握需要检修的内容、常见问题的处理方法和实施过程。

【相关知识】

一、机身的作用和要求

1. 机身的作用

机身是支承压缩机全部重量并保持各部件之间有准确的相对位置的部件。

机身用来连接气缸和安装运动机构，并用作轴承座。机身的材料大多为灰铸铁，个别情况也采用合金铸铁或球墨铸铁；承受机器本身的全部或部分重量；既作为传动机构的定位与导向部分，又是压缩机承受作用力的部分，且连接某些辅助部件（如润滑系统、盘车系统、冷却系统），以组成整台机器。

2. 机身的要求

（1）机身应具有足够的强度和刚度，以保证各部件之间有准确的相对位置。

（2）机身横截面重心应尽量和作用力中心重合，以避免产生弯矩。

（3）机身的结构应比较简单，制造方便，便于装拆运动机构，机身与压缩机的结构相适应，维修方便。

（4）机身承接气缸的定位孔中心线与滑道中心线应同心，并与曲轴中心线处于同一平面，且互相垂直。

（5）各轴承孔必须同心。

（6）机身油箱应进行煤油渗漏实验。

（7）机身上的毛刺、飞边、夹渣及加工的铁屑要清除干净。

（8）机身主要受力部位不允许有裂纹，以免影响强度。

（9）机身应经消除内应力的自然时效或退火处理。

二、机身的结构型式

机身分为立式、对置式、角度式等。

（1）立式机身　适用于大、中、小型和微型压缩机。一般由三部分组成。曲轴以下称为机座，机座上开有主轴承孔。曲轴以上中体以下称为机体，机体铸有滑道。位于机体和气缸之间的部分称为中体，中体为圆筒形，装有隔板和刮油环。微型压缩机将中体、机体和机座铸为一体。

（2）对置式机身　适用于对置式和对称平衡式压缩机。其机身一般由机体和中体组成，位于曲轴两侧。

（3）角度式机身　有两种结构：一种是无十字头的 V 型、W 型和扇型机身，采用曲轴箱结构；另一种是有十字头压缩机机身，采用封闭结构。图 2-28 所示为 L 型压缩机机身。

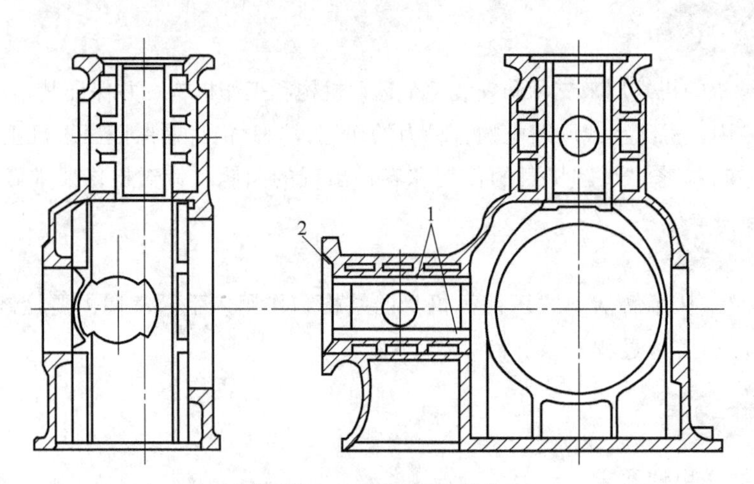

图 2-28　L 型压缩机机身

1—十字头滑道；2—气缸定位孔

三、机身的检查

（1）检查滑道是否磨损，几何尺寸是否满足要求，表面是否存在缺陷。

（2）检查机身是否损坏，是否存在裂纹等缺陷，重点检查油箱部位是否渗漏。

（3）检查机身轴承孔是否变形损坏，多个轴承孔是否同心。

四、机身的维修

1. 滑道拉毛的修理

可用半圆形油石蘸上润滑油在“拉毛”部位来回研磨，直到用手触摸无明显感觉时为止，毛刺用刮刀清除，较深时可用研磨工具修理。

2. 机身、气缸和气缸盖的非工作表面的裂缝、缺口的修理。

（1）补板法　用于机身和气缸外部强度要求不高的部位，最常用的补板材料为紫铜板或低碳钢板。较小的砂眼或裂纹可用打盲板、加丝堵或镶套等方法加以修复。

（2）栽丝法　用于修理机身或气缸表面强度不高部位的细长裂缝。

（3）焊补法　一般用于非重要部分的修补，此法是用氧乙炔火焰焊接，操作较困难，处理不好极易产生裂纹，处理前要预热损坏部位，事后要保温消除内应力，防止产生裂纹。

（4）粘接法　用胶黏剂把两个构件牢固的粘接在一起，可代替部分焊接、铆接和机械装配。

3. 机身磨损的修理

如磨损较小时，可采用手工刮研的方法进行修复，当机身的滑道、滑动轴承座孔和滚动轴承座孔的磨损超过极限时，要重新镗削处理。大、中型压缩机的机身很重，一般用专用的镗床进行镗削。机身滑道镗削后直径增大，可用加大滑履外径的方法，恢复与滑道的配合间隙。主轴承座孔镗削后，可用加大主轴瓦外径的方法与之配合。滚动轴承孔镗削加工后，可采用镶套的方法达到配合要求。

机身加工时，先镗轴承座孔，再以轴承座孔和轴承座孔端面为基准镗削滑道。因此，修理时必须对这些规定的加工基准精心校验后，方可进行镗削。其镗削量视修理方法而定，一般越小越好。

无论采用哪一种修理方法，其贴合表面的形状精度和相互位置精度，都应符合原设计要求，否则影响正确的贴合。对配合零件，必须恢复应有的精度、表面粗糙度和规定的配合尺寸。对所修理的零部件尺寸、形状、位置精度和相互配合情况等都要认真检查。裂纹可用超声波探伤，查漏可用煤油、白垩粉，修补后要做好有关记录。

【任务实施】

一、工具和设备的准备

（1）活塞式压缩机装置。

（2）常用的拆卸工具、测量工具、钳工工具等。

二、任务实施步骤

（1）阅读压缩机图纸，了解待检修压缩机机身的结构。

（2）确定检查内容和标准。

（3）根据机身检查中发现的问题，制定检修方案和实施方法。

【知识拓展】

粘接法简介

粘接法是用胶黏剂借助于机械连接力、物理吸附、分子扩散和化学键连接作用把两个构件或破损零件牢固粘合在一起的修理方法。粘接法不受材质限制，可以以粘代焊、以粘代铆。同时粘接法有工艺简单、操作容易、成本低等特点，主要不足是不能耐高温、抗冲击能力差。

粘接法主要有热熔粘接法、溶剂粘接法、胶黏剂粘接法等。

（1）热熔粘接法　该法主要用于热塑性塑料之间的粘接。该法利用电热、热气或摩擦热将粘合面加热熔融，然后叠合，加上足够的压力，直到凝固为止。大多数热塑性塑料表面加热到 150～230℃就可进行粘接。

（2）溶剂粘接法　在热塑性塑料的粘接中，溶剂法最普遍简单。对于同类塑料即用相应的溶剂涂于胶接处，待塑料变软后，再合拢加压直到固化牢固。

（3）胶黏剂粘接法　该法应用最广，可以粘接各种材料，如金属与金属、金属与非金属、非金属与非金属等。

胶黏剂种类繁多，一般分为有机胶黏剂和无机胶黏剂。胶黏剂的选用得当与否是粘接修复成败的关键。选择时应考虑被粘接物质的种类与性质，如钢、铁、铜、铝、塑料、橡胶等；胶黏剂的性能及与被粘物质的匹配性；粘接的目的、用途和粘接件的使用环境；粘接件的受力情况及工艺可能性等。

粘接法粘接工艺如下：表面处理→配胶→涂胶→晾置→合拢→清理→初固化→固化→后固化→检查→加工。

施工中几个值得注意的问题如下。

（1）表面处理　目的是获得清洁、干燥、粗糙、新鲜、活性的表面，以获得牢固的粘接接头。其中除锈粗化用锉削、打磨、粗车、喷砂均可，其中以喷砂效果最好。除油效果则用洒水法检查，水膜均匀即表明工件表面油污清理干净。

（2）涂胶　方法很多，其中刷胶用得最多。使用时应顺着一个方向刷，不要往复，速度要慢以防产生气泡，尽量均匀一致，中间多，边缘少，涂胶次数 2～3 遍，平均厚度控制在 0.05～0.25mm 为宜。

（3）检查与加工　固化后，应检查有无裂纹、裂缝、缺胶等。在进行机械加工前应进行必要的倒角、打磨。

总之，要获得牢固的粘接效果，胶黏剂是基本因素，接头是重要因素，工艺是关键因素。三者密切相关，必须兼顾。

任务四　活塞式压缩机的工作机构及检修

【任务描述】

活塞式压缩机的工作机构包括气缸、气阀和活塞等。它们是实现压缩机工作原理的主要部件。应了解压缩机工作机构的组成和特点、检修内容和检修标准。

【任务分析】

任务的完成：通过图纸等技术资料，了解活塞式压缩机工作机构的组成和作用；了解待检修的工作机构各部件的结构；制定检修内容和检修方法。

【相关知识】

一、气缸组件的检修

气缸是形成压缩容积的主要部件，它必须具有足够的强度和刚度，工作表面要有良好的冷却、润滑和耐磨性，有尽可能小的余隙容积和阻力。结合部分的连接要牢固，密封可靠，制造工艺性好，装拆检修方便，符合系列化、通用化、标准化的要求以方便更换。

（一）气缸的结构

1. 气缸的分类和结构

气缸的结构型式按冷却方式分为风冷气缸与水冷气缸；按活塞在气缸中的作用方式分为单作用、双作用及级差式气缸；按气缸的排气压力分为低压、中压、高压、超高压气缸等。

一般来说，工作压力低于 60×10^5Pa 的气缸用铸铁制造，工作压力在（60～200）$\times10^5$Pa 的气缸用稀土球墨铸铁或铸钢，更高压力的气缸用碳钢或合金钢锻造。

低压微型气缸多为风冷移动式空气压缩机采用。低压小型气缸，有风冷、水冷式两种。图 2-29 所示为风冷式单层壁气缸结构。大多数低压小型压缩机都采用水冷式双层壁气缸，如图 2-30 所示。

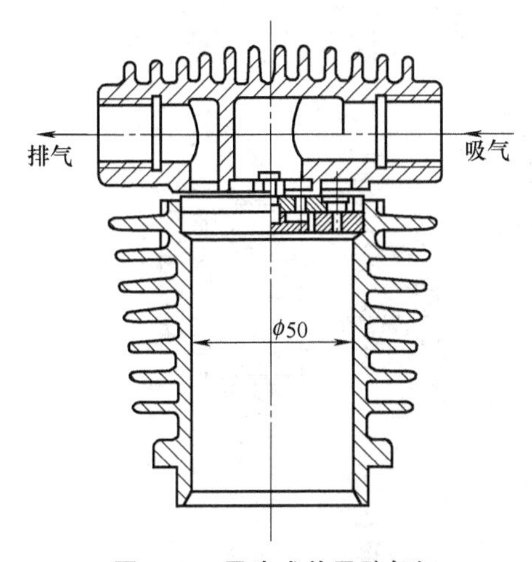

图 2-29　风冷式单层壁气缸

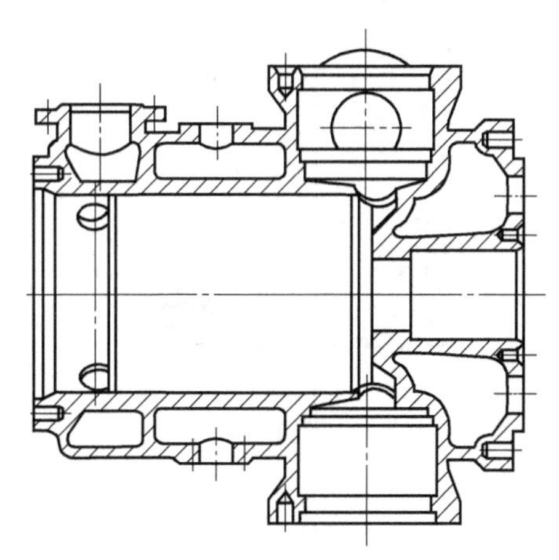

图 2-30　水冷式双层壁气缸

低压中、大型气缸多为双层壁或三层壁气缸。内层为气缸工作容积，中间为冷却水通道，外层为气体通道，其中间隔开分为吸气与排气两部分，冷却水将吸气与排气阀隔开，可以防止吸入气体被排出气体加热，填料函四周也设有水腔，改善了工作条件。

图 2-31 所示为 4M12-45/210 二氧化碳气压缩机的第一级低压铸铁水冷气缸，属大型气缸，从制造工艺上考虑，气缸分成了三部分：环形的气缸体、锥形的气缸盖和锥形的缸座。气缸中央有注油接管，缸座上设有填料函，左缸盖上设有一个 ϕ405mm 的补充余隙容积，用来调节排气量。

图 2-32 所示为分体的级差式气缸，左端为高级缸，采用锻钢制作，气阀通道由若干小孔组成。中间是平衡容积，右端为低级缸，压力较低，由铸钢制成，气阀通道为大圆孔。

气缸的工作表面即气缸镜面，气缸镜面对表面粗糙度要求较高，当直径 $D\leqslant600$mm 时，$Ra\leqslant0.8\sim1.6\mu$m；直径 $D>600$mm 时，$Ra\leqslant3.2\mu$m。表面粗糙度值越低，耐磨性越好，密封性也越好。镜面的硬度一般应为 170～241HB 且比相应的活塞环约低 10%～15%。气缸

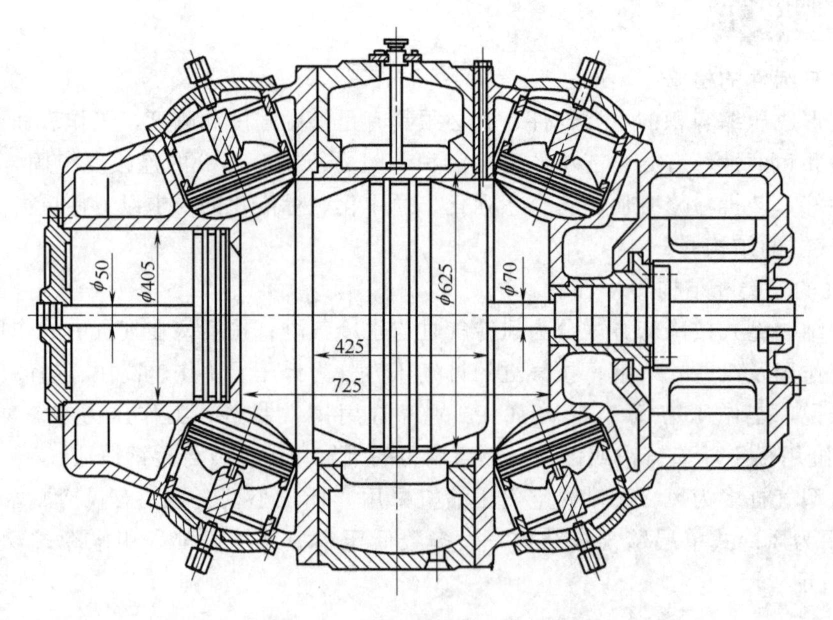

图 2-31 低压水冷双作用气缸

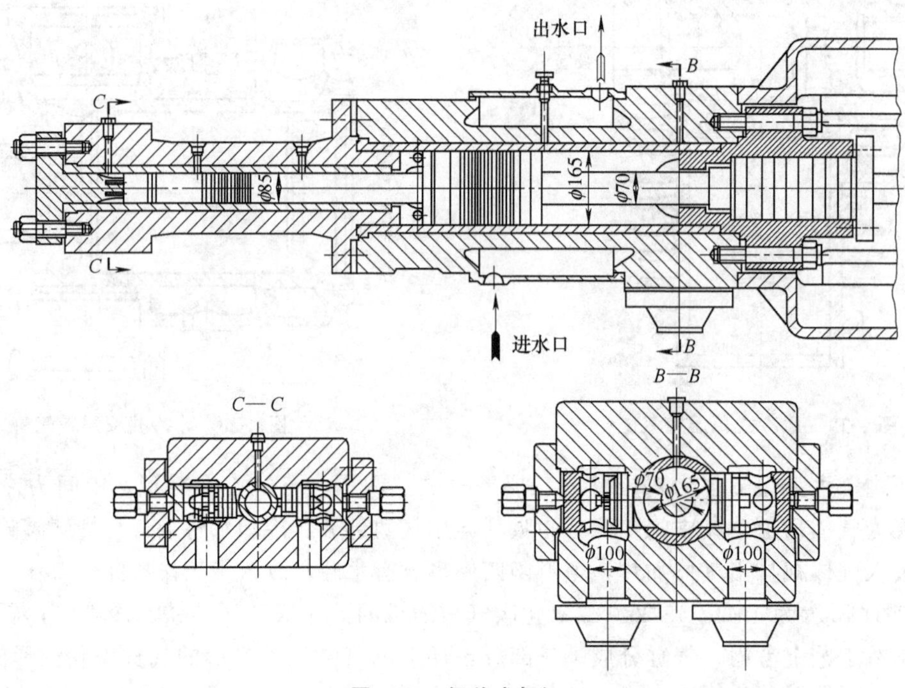

图 2-32 级差式气缸

镜面的加工精度，当气缸直径 $D\leqslant$300mm 时，不大于 2 级精度直径公差的 80%；当 $D>$300mm 时，不大于 2 级精度直径公差。气缸与机身贴合面对镜面中心线的垂直度偏差在 100mm 长度上不大于 0.02mm。气缸与机身或中体的配合止口对气缸镜面中心线的同轴度偏差不大于 0.02mm。

从耐磨性及气密性考虑，对气缸镜面的硬度、加工精度及表面粗糙度均有一定的要求，气缸镜面应采用珩磨，以便在表面上形成约 45°的交叉磨纹，这样既利于储存润滑油又便于润滑油将工作时产生的磨屑带走。镜面在轴线上的长度，应使活塞在内、外止点时，相应的最内、外边的活塞环能超出镜面 1～2mm，以免积垢形成凸台产生冲击，在装拆活塞的一侧，一般取 15°的锥角，以便活塞装入，如图 2-33 所示。

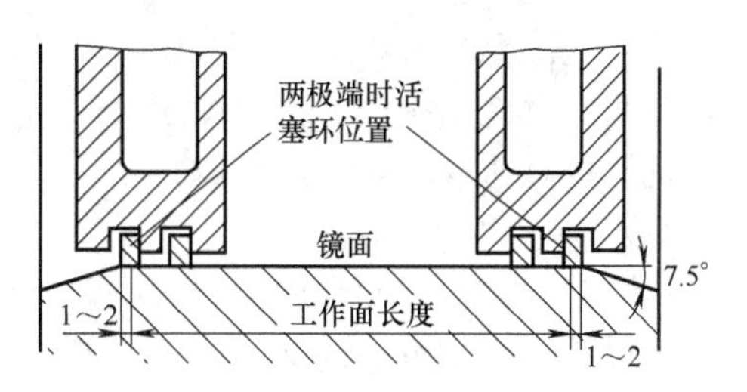

图 2-33　工作表面的形式

2. 气缸套

在气缸中设置耐磨材料制成的气缸套，一旦磨损可以只换气缸套而不用换气缸体。气缸套有两种型式：干式与湿式。图 2-31 中的缸套外侧与冷却水接触，称为湿式缸套。它用铸铁制成，气道与水套间用密封圈密封，这种缸套的导热冷却效果好，制造方便，而且只要改变直径即可适用于不同的排气量，有利于气缸的系列化。因湿式缸套承受气体压力不高，故只用于低压气缸，气道与水套之间需用垫片密封。图 2-32 中的缸套外侧不与水接触，它仅起衬套作用，称为干式缸套。干式缸套与气缸体应密切配合，其一端用凸肩与缸体定位，另一端比缸体短，留 1.5～2mm 作热胀间隙。对高压、单作用气缸，靠近凸肩的 1/3 长度上按 (0.0001～0.0002)D 控制过盈量，其余部分则应具有 (0.00005～0.0001)D 的间隙。钢的耐磨性差，表面易被刻出划痕，所以钢质气缸常用铸铁作干式耐磨缸套。干式缸套的导热性差，一般只用于高速机器或高压钢质气缸以及压缩较脏或腐蚀性气体等情况。气缸套常用的材料是高质量珠光体铸铁，要求耐磨，组织致密，有足够的强度，所以最好用离心铸造。高压下采用合金钢与碳化钨硬质合金。

3. 气阀在气缸上的布置

气阀在气缸上的布置对气缸的结构有很大的影响，一般要求是：气阀通流截面大，余隙容积小，安装维修方便，冷却好，减少进气被加热现象等。对高压气缸则在强度上应多加考虑。气阀在气缸上的布置一般有三种方式：第一种是气阀布置在气缸盖上，如图 2-29 所示，这种方式虽然有余隙容积小的优点，但安装气阀的空间小；第二种是气阀布置在气缸体上，如图 2-31 所示，这种方式气阀的通流面积大，但余隙容积也大；第三种是将缸盖做成锥形，使气阀中心线与气缸中心线斜交布置的一种方式，它的优缺点介于前两种之间。L 型压缩机的缸盖侧为气阀的第一种布置方式；在轴侧为弥补填料函及十字头滑道占的面积，将缸盖做成锥形，以保证气阀的通流面积，属于第三种方式。

为了保证气缸工作的可靠性，压缩机同列的所有气缸与滑道必须同心。

（二）气缸的维修

1. 气缸的检查

(1) 检查气缸内表面或气缸套有无裂纹、擦伤、沟痕、拉毛或其他缺陷，也可用一铅制的小网薄板，用手捏着使圆薄板的尖角在镜面干摩擦 1～2 次，若尖角未被磨出痕迹，可证明表面粗糙度符合要求。

(2) 检查冷却水夹套、缸壁有无渗漏现象。

(3) 检查各处的密封面有无损坏，连接螺栓有无裂缝、断裂或螺纹损坏等缺陷。

2. 当气缸出现下列情况时应进行修理。

(1) 气缸壁径向均匀磨损，磨损量达 (0.002～0.003)D (D 为气缸内径，mm)。

(2) 气缸已成圆锥形，磨损达 0.001D。

(3) 气缸径向不均匀磨损，呈椭圆形达 (0.001～0.002)D。

（4）气缸壁有裂纹。

（5）气缸镜面擦伤、拉毛或起台阶。

（6）气缸水套有裂纹或渗漏。

3. 气缸的修理

（1）气缸圆度、圆柱度偏差超标时，用镗缸的方法进行修理，修后要满足技术要求。偏差较小时，也可用电镀法来修复。当严重超标时，则应更换缸套或气缸。

（2）气缸或缸套镜面磨损较严重或有纵向沟纹及轴向磨损时，可视具体情况不同，采用车、镗、铣、磨或研磨等方法修理；有轻微擦伤、拉毛等缺陷时，可用手工磨削方法进行修理，即用条状半圆形油石按气缸圆周方向左右打磨之后，用 400# 水砂纸蘸柴油再按上法打磨，直到用手感觉擦痕不大时为止，而后彻底清洗，再用帆布等布类按上法打磨。当缸套外圆出现磨损，出现转动或轴向移动时应更换气缸套。

（3）气缸冷却水夹套出现微小裂纹时，可用补焊法、缀缝钉修法等方法修复，裂纹较大时则应更换气缸或冷却水夹套。

（4）气缸上密封面出现泄漏，应更换密封元件；连接螺栓出现裂纹、断裂或螺纹损坏，也应更换。

（5）气缸、气缸盖、阀座等止口处出现缺陷，轻微者可用平面刮刀、油石或铸铁研磨块修磨，或加研磨剂手工研磨修整，如图 2-34、图 2-35 所示；严重者需用镗床、铣床机加工修理。

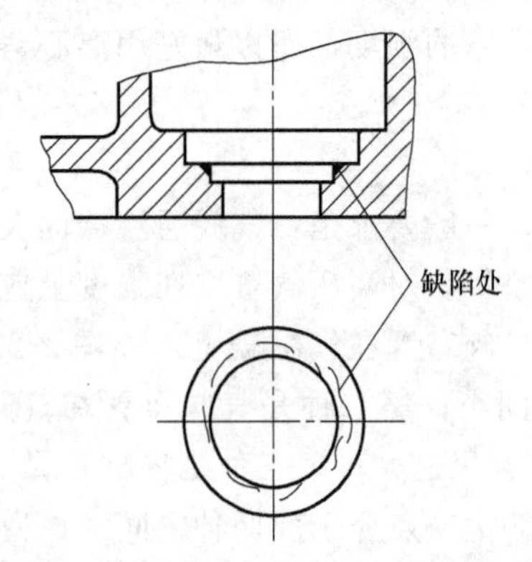

图 2-34 气缸盖与气阀止口缺陷情况

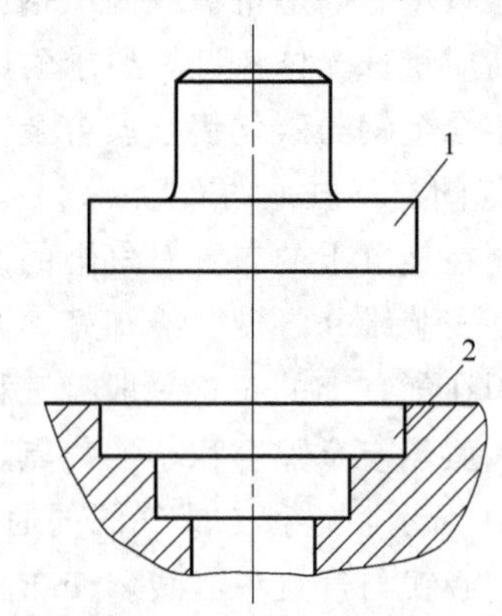

图 2-35 用铸铁研磨块修磨气阀止口

1—研磨块；2—气阀止口磨损面

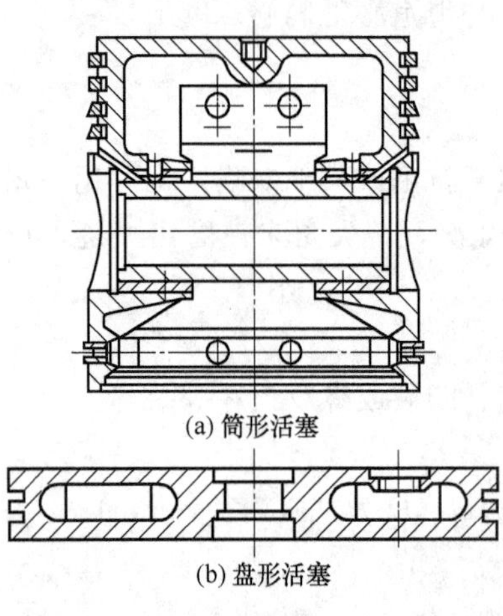

(a) 筒形活塞

(b) 盘形活塞

图 2-36 活塞的结构

二、活塞组件的检修

（一）活塞

1. 活塞的结构

活塞在气缸中做往复运动，起着压缩气体的作用，不仅要有足够的强度和刚度，还要求定位可靠、重量轻、制造工艺性好。根据活塞与气缸构成的压缩容积不同，活塞分为筒形活塞、盘形活塞和级差活塞等。活塞的结构如图 2-36 所示。

（1）筒形活塞　用于小型、无十字头的压缩机，通过活塞销直接与连杆小头连接，筒形活塞由顶部、环部和裙部三部分组成。活塞顶部承受气体压力；活塞环部是安放气环和油环的部位；活塞裙部是导向和承受侧压力的部位。

（2）盘形活塞　用于中、低压压缩机，为减轻活塞重量，一般铸成空心，两端用加强筋连接以增加刚度。

（3）级差活塞　用于串联两个以上压缩机的级差式气缸中。其低压级下部有承压面，高压级活塞用球形关节与低压级活塞相连，使活塞能自由对中，当承压面磨损后，大活塞会相对球形关节自由落下，避免了大活塞压在小活塞上的情形，如图 2-32 中的活塞。

为解决卧式压缩机活塞单面磨损，在活塞下半周常采用耐磨材料制成支撑环。支撑环一般在活塞中段，也有的设在活塞的两端。主要有三种型式：第一种，为避免活塞因受热而卡住，支撑面在圆周上只占 90°～120°，如图 2-37（a）所示；第二种，活塞直径小于 300mm 时，活塞支撑面可做成整圈式，如图 2-37（b）所示；第三种是带卸荷槽的支撑环，这种结构应用较多，在支撑环的外圆表面沿与轴线平行或呈一定角度反向开卸荷槽，使气体通过卸荷槽而直接作用在后面的活塞环上，当卸荷槽与轴线有一定夹角且相互平行时，则在气体压力的作用下可使支撑环产生缓慢的旋转，使环均匀磨损，也可开人字形槽，使旋转分力平衡。实践证明，其寿命比传统支撑环延长数倍，是近年来较理想的结构，如图 2-37（c）所示。

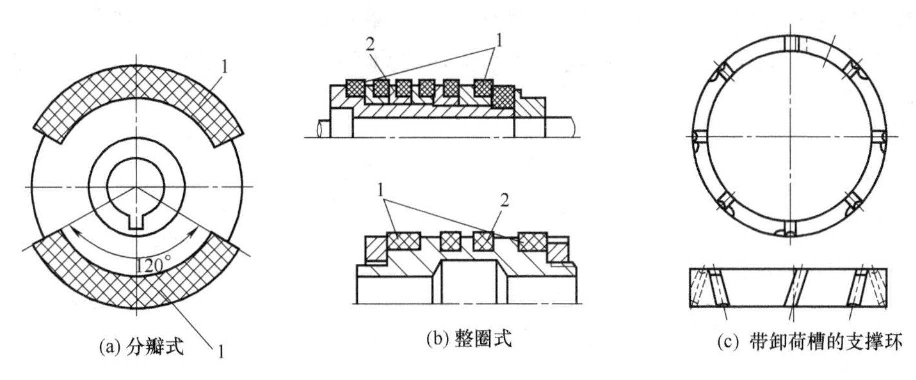

图 2-37　活塞支撑环

1—支撑环；2—活塞环

无油润滑压缩机常用具有自润滑性能的耐磨材料制成密封环和支撑环，支撑环承受活塞的重量。

2. 活塞的检修

活塞常见的故障有裂纹、圆柱面磨损或结瘤、活塞环槽磨损、活塞销孔磨损、支撑面巴氏合金剥落及清砂堵头松脱等，其修理方法如下。

有裂纹或发生较大变形的活塞，应报废，不宜修理。活塞外圆表面磨损有限，磨损量已达到更换标准时，应更换新活塞。

活塞磨损、划痕、结瘤或擦伤，可用锉刀将磨伤面和结瘤小心修好，再用油石打磨修光。

当活塞环槽内两侧面磨损时，可先将活塞环槽车成如图 2-38 所示的形状，配制与活塞同材料的镶环，装入相应环槽内，焊牢后机加工至所需尺寸；也可补焊后用锉削进行修理。当损坏严重较难修复时，则应更换新活塞。

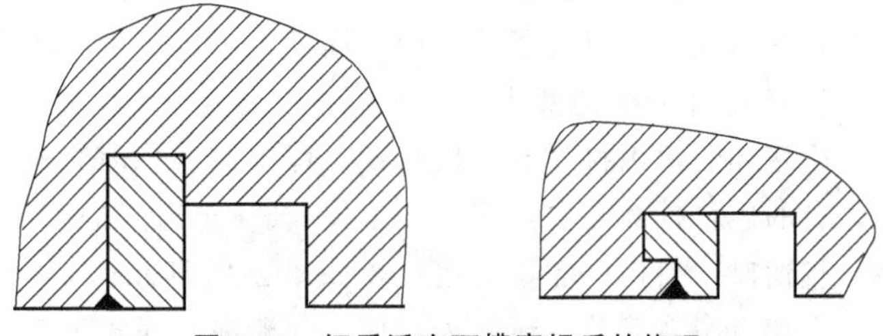

图 2-38　钢质活塞环槽磨损后的修理

活塞销孔磨损时，可根据需要配制加大的活塞销直径，用专用活塞铰刀进行铰削。

气缸经过镗缸加工直径增大时，应按加大后的直径装配新的活塞。

巴氏合金衬层因磨损厚度减薄超过允许值，出现裂纹、松动、脱壳时，可用补焊法或补铸法进行修理，补焊后进行车削加工，并进行刮削。对加工好的衬层，用手锤轻轻敲击，判断衬层贴合是否完好，不符合要求应铲掉重新补焊。

清砂孔丝堵松动，必须拧紧或更换丝堵，固定丝堵的方法除稳钉外，还可用环氧树脂涂在丝堵的螺纹上拧入丝孔内，干固后效果良好。

（二）活塞环

活塞环是气缸镜面与活塞之间的密封零件，同时也起着布油和导热作用，要求活塞环密封可靠、耐磨性好。由于活塞环是易损件，因此应按标准系列选用。

1. 活塞环的密封原理

常用的活塞环是开口环，利用活塞环的弹力，使其外圆柱面始终紧贴在气缸镜面上。活塞环槽和活塞环之间，在径向和轴向上都留有一定的间隙，所以活塞环能自由地贴合在气缸镜面上。压缩机运行时，压缩侧的气体压力升高，高于另一侧的气体压力，活塞环依靠气体作用在内、外两个圆柱面上的压力差，使活塞环压紧在气缸镜面上，同样依靠气体在两端面上的压力差，使活塞环的一个端面与环槽贴合，如图 2-39 所示，阻止气体泄漏，保证压缩时的密封。

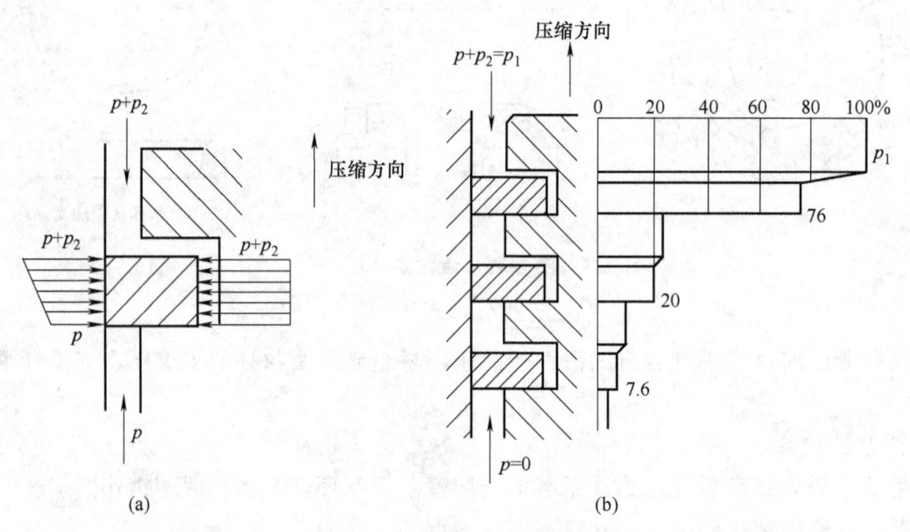

图 2-39　活塞环上的作用力

实践表明，通过第一道活塞环所造成的压力差最大，以后各环逐渐减小，并且前三道环承担了绝大部分压力差，转速越高第一环承受的压力差越大，以后逐环减小，所以第一道环起主要的密封作用，但磨损也快，当第一道环磨损后，第二道环就起主要密封作用，在高压级中尤其明显，所以为了延长检修周期，高压级采用较多的环数。

2. 活塞环的结构型式

活塞环的常用材料有灰口铸铁、球墨铸铁、填充聚四氟乙烯等。环的断面一般为矩形断面，有的还将外圆面尖角倒 0.5mm，以利于形成油膜，减少摩擦。活塞环的切口通常有三种：直切口、斜切口和搭接接口，如图 2-40 所示。

直切口制造简单，泄漏量与切口的泄漏截面成正比；斜切口制造也简单，因泄漏截面应为垂直截面，所以泄漏量比直切口小，而且角度越小泄漏越小，但过小的角度使切口尖锐部分容易碎裂，所以一般取 45°～60°；搭接切口制造较复杂，因切口呈阶梯型，工作时相互搭接，故气体不能直接通过切口而需经过两次弯折，所以泄漏量大大减少。

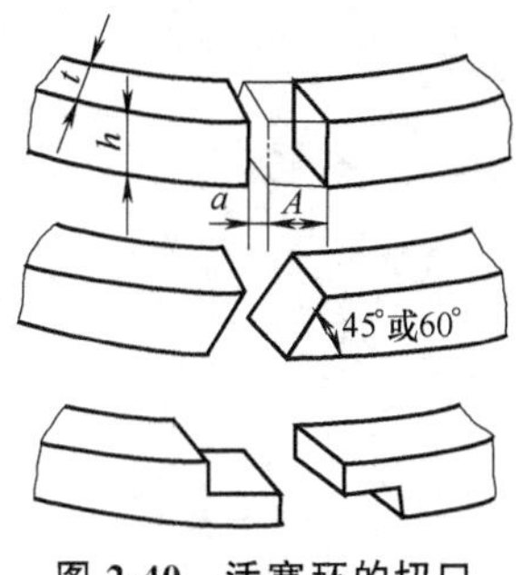

图 2-40　活塞环的切口

3. 活塞环的检查、更换

检查活塞环有无断裂、划痕或过度磨损等现象；活塞环的倒角是否完好；检查活塞环与气缸的贴合情况及开口间隙等；在平板上用千分表检查活塞环的扭曲变形，或将活塞环放在平台上，用塞尺塞入活塞环与平台之间缝隙内检查活塞环的翘曲度及扭曲情况。活塞环的外圆面按 2 级精度加工，表面粗糙度 $Ra \leqslant 3.2\mu m$；环的两侧面按 2 级精度加工，表面粗糙度 $Ra \leqslant 1.6\mu m$；硬度应达 89～107HBS。

铸铁活塞环的表面不允许有裂痕、气孔、夹渣、疏松等铸造缺陷，活塞环的两端及外圆柱表面上不允许有划痕。

活塞环的端面翘曲度应符合表 2-3 的规定。

表 2-3　活塞环端面的允许翘曲度

外径/mm	≤150	150～400	400～600	>600
翘曲度/mm	≤0.04	≤0.05	≤0.07	<0.09

活塞环的弹力允差应在±20%范围内，活塞环在磁力工作台上加工后应进行退磁处理。

对于活塞环，一般不进行修理，发现下列情况之一时，应予以更换：活塞环断裂或过度擦伤；活塞环径向（厚度）磨损 1～2mm；轴向（宽度）磨损 0.2～0.3mm；活塞环在活塞环槽中两侧间隙达 0.3mm 或超过原间隙的 1～1.5 倍；活塞环的外表面与气缸镜面有 1/3 圆周的接触不良，或有大于 0.05mm 的光隙。

活塞环损坏不大又需应急使用时，可根据实际情况，选择合适的方法进行修复。翘曲不大时，可将活塞环放在平板上，用研磨法修理。更新活塞环时，应根据气缸和活塞来选配。

（三）活塞杆

1. 活塞杆与活塞的连接

活塞杆将活塞与十字头连接成一个整体，传递作用在活塞上的力，活塞靠活塞杆上的凸肩及螺纹用螺母固定在活塞杆上，活塞杆与活塞有三种连接方式。

（1）锥面连接　如图 2-41（a）所示，这种结构拆装方便，活塞和活塞杆之间不需要定位销，但加工精度要求高，否则活塞杆与活塞连接不能紧固，也无法保证活塞杆与活塞的垂直度。

（2）圆柱凸肩连接　如图 2-41（b）所示，活塞通过活塞杆上的凸肩端面和螺母固定在活塞杆上，活塞与活塞杆的同轴度靠圆柱面加工精度保证，活塞与凸肩的支承面要进行研配。

（3）弹性长螺栓连接　如图 2-41（c）所示，活塞用弹性长螺栓固定在活塞杆的凸肩上，其优点是，弹性螺栓的刚性小，所以可以减少活塞杆承受的交变载荷。高压级的活塞可以使凸肩与活塞等直径，这样螺栓几乎不承受气体力，从而提高活塞杆的使用寿命。

在无油润滑压缩机中，为了防止油进入填料函和气缸，要适当加长活塞杆，使活塞杆通

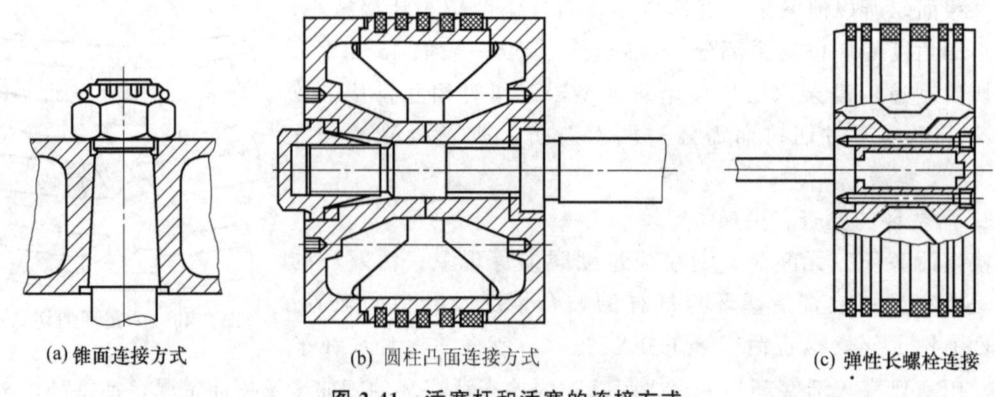
(a) 锥面连接方式　(b) 圆柱凸面连接方式　(c) 弹性长螺栓连接

图 2-41　活塞杆和活塞的连接方式

过刮油器的部分不进入填料函，为保证填料函处的密封性能，活塞杆和填料的接触部分应有良好的耐磨性，较高的尺寸精度和表面加工质量，为了增加耐磨性，可以进行高频淬火、渗碳、渗氮等表面处理。

活塞杆的材料，在渗碳时采用 20 钢，表面淬火时则用 35 钢和 45 钢，为防止日后变形，加工前应进行正火处理，以消除内应力。对表面进行渗氮处理时可用 3Cr13、38CrMoAl 等合金钢。

2. 活塞杆的检修

活塞杆表面粗糙度 $Ra \leqslant 0.40\mu m$。活塞杆支承面与活塞两端轴肩在装配时要求研磨贴合，接触面积达 80%以上。用着色法检查活塞与活塞杆的接触面积，不符合要求，应进行研磨。

活塞杆的圆度、圆柱度偏差等要求与活塞相同。圆度和圆柱度偏差超标不大时，应用补焊法或电镀法进行修复。超标严重或出现明显波浪时，应进行更换。

活塞杆直线度偏差不得超过 0.1mm/m。偏差超标较大时，应进行更换，超标量不大可用冷矫法或热矫法进行修复。

活塞杆经探伤检查有裂纹或螺纹断丝超过一圈以上者，一般不进行修理，应更换。

三、气阀组件的检修

(一) 气阀的工作原理

气阀是活塞式压缩机中重要部件之一，气阀的作用是控制气缸中的气体及时吸入与排出，它对压缩机的排气量、功耗及使用寿命影响很大，气阀性能的好坏，直接影响到压缩机的功率消耗。阀片的寿命更是关系到压缩机连续运转期限的重要因素。气阀既是一个重要的部件，也是一个易损件。

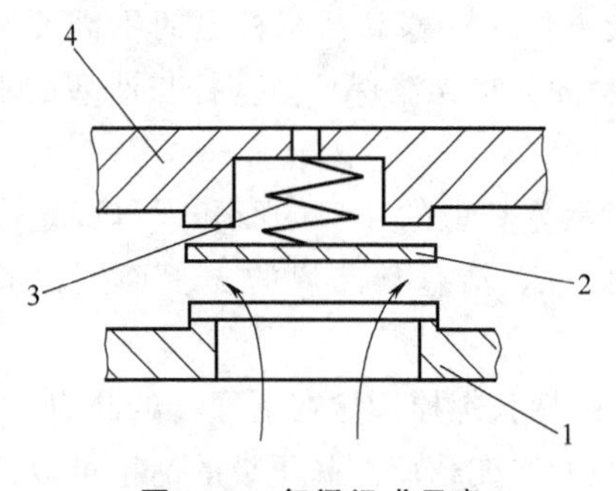

图 2-42　气阀组成示意

1—阀座；2—阀片；3—气阀弹簧；4—升程限制器

活塞式压缩机所使用的气阀都是受阀片两侧气体压力差控制而自行启闭的自动阀，它主要由阀座、阀片、气阀弹簧和升程限制器四部分组成。如图 2-42 所示，阀座 1 上开有供气体通过的通道。阀座上设有凸出的环状密封边缘（称为阀线），阀片 2 是气阀的主运动部件，当阀片与阀线紧贴时则形成密封，气阀关闭。气阀弹簧 3 的作用是迫使阀片紧贴阀座，并在气阀开启时起缓冲作用。升程限制器4用来限制阀片开启高度。气阀的工作原理是：当阀片下面的气体压力大于阀片上面的气体压力、弹簧力以及阀片重力之和时，阀片离开阀座，上升到与升程限制器接触为止（即气阀全开），气体便通过气阀通道流过。当阀片下面的气体压力小于阀片上面的气体压力、弹簧力及阀片重力之和时，阀片离开升程限制器向下运动，直到阀片紧贴在阀座的阀线上时，即关闭了气阀通道，使气体不能通过，这样完成了一次启闭过程。

（二）气阀的结构

气阀的结构有两大类：一类称为强制阀，它的启闭是由专门的机构控制，而与气缸内压力变化无关；另一类称为自动阀，它的启闭主要由气缸和阀腔内气体压力差来决定。强制阀因为结构复杂，启闭时间固定，不适于变工况运转，故很少采用。绝大多数压缩机采用自动阀，所以这里只讨论自动阀。

自动阀有多种型式，如环状阀、网状阀、条状阀、舌簧阀、蝶阀和直流阀等。所有的气阀主要由以下四部分组成。

（1）阀座　具有能被阀片覆盖的气体通道，是与阀片一起闭锁进气（或排气）通道，并承受气缸内外压力差的零件。

（2）启闭元件　是交替开启与关闭阀座通道的零件，通常制成片状，称为阀片。

（3）弹簧　是关闭时推动阀片落向阀座的元件，并在开启时抑制阀片撞击升程限制器（对于条状阀、舌簧阀和直流阀等结构，阀片本身具有弹性，兼起弹簧作用，故两者合二为一）。

（4）升程限制器　是限制阀片的升程，并往往作为承座弹簧的零件。

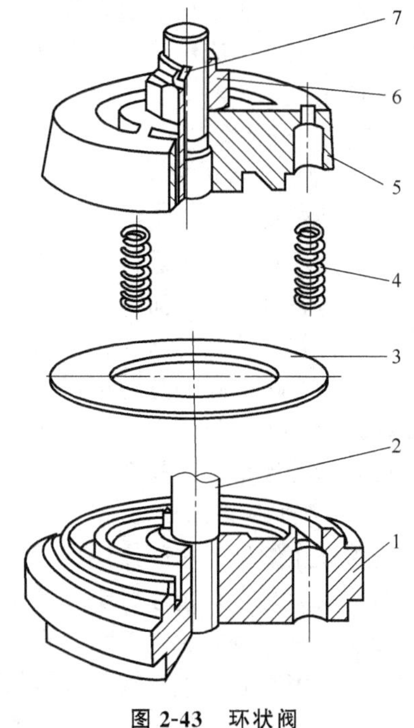

图2-43　环状阀

1—阀座；2—连接螺栓；3—阀片；4—弹簧；5—升程限制器；6—螺母；7—开口销

环状阀如图2-43所示，在我国压缩机中应用最广。因其阀片为简单的环片，制造方便；根据需要的流通截面，可采用1～8环。

环状阀的每个阀片都需要导向，一般由升程限制器上的凸台来完成，凸台在圆周上设有3～4处，凸台与环片之间的导向面应采取滑动配合。环与凸台之间必然有摩擦，故气缸无油润滑压缩机中，导向凸台应采用自润滑材料，否则环状阀不适用。

由于环状阀各环阀片的弹簧力及气流推力不可能相同，故其运动也不可能完全协调一致，这在一定程度上影响压力损失，并且由于气流等因素的影响，阀片在启闭过程中还能发生转动，加剧阀片的磨损，这是环状阀的缺点。

网状阀结构基本上和环状阀相同，但各环阀片以筋条连成一体，略呈网状故称网状阀，如图2-44所示，图中自中心数起的第二圈上，将径向筋条铣出一个斜切口，同时在很长一段弧内铣薄（图中阴影部分）使之具有弹性。这样当阀片中心圈被夹紧，而外缘四圈作为阀片时，不需要导向块便能上下运动。网状阀片各环起落一致，且没有摩擦，对气缸无油润滑压缩机特别适合。

有时也采用中心导向的网状阀结构，其阀片没有固定部分和弹性部分，这种网状阀避免

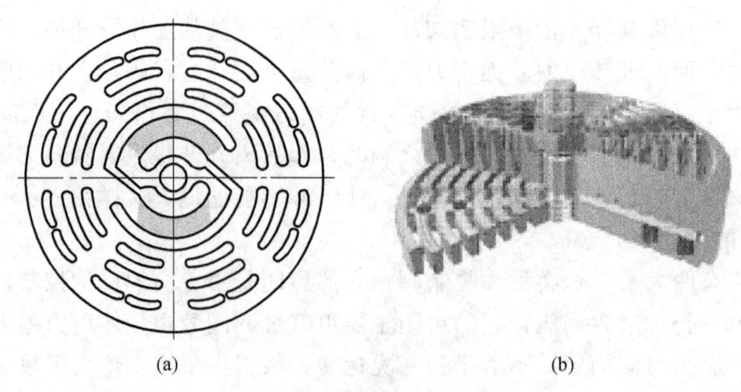

图 2-44　网状阀片与网状阀

了弹性部分易于断裂的可能性，又扩大了通道数目。如果中心导向块采用自润滑材料，同样可以适用于气缸无油润滑压缩机。

网状阀中既可采用圆柱形弹簧，又可采用片形弹簧，并采用缓冲片以缓和阀片对升程限制器的冲击。相比于环状阀，其结构复杂，制造加工难度大，技术要求高，应力集中处多，运行中易于损坏，应用较少。但随着近几年的技术进步，如采用 PEEK 材质等，促进了网状阀的应用。

（三）气阀的检修

1. 气阀的检查内容

(1) 外观检查气阀是否损坏。

(2) 用煤油对气阀进行试漏。

(3) 检查气阀密封面有无划痕及磨损情况。

(4) 检查阀片是否断裂、扭曲、变形。

(5) 检查气阀弹簧是否损坏。

(6) 检查阀片与阀座的接触情况。

(7) 检查测量阀片与升程限制器配合部分的磨损情况。

2. 气阀的基本要求

为保证压缩机工作的经济性和可靠性，一个良好的气阀应具备以下条件。

(1) 阻力要小，阀片启闭应及时而完全，又不与阀座或升程限制器发生较大的撞击。

(2) 应有较大的通流面积，流通阻力损失要小。

(3) 关闭时应严密，减少气体的泄漏。

(4) 在长期冲击负荷作用下，要能可靠地工作，即气阀应有较长的使用寿命。

(5) 气阀本身的余隙容积要小，以提高气缸容积效率。

(6) 结构简单，工艺性要好。

气阀损坏往往导致压缩机被迫停车，造成经济损失。因此，气阀的使用寿命就显得尤为重要，而气阀的寿命主要取决于阀片和弹簧的寿命。尽可能减轻阀片的重量，选择合适的升程，合理地控制阀座通道内的气流速度，采用合适的弹簧和弹簧力以及选择合适的润滑油量，均可从不同程度上减轻阀片和弹簧的损坏，从而延长气阀的使用寿命。

3. 气阀的材料

气阀的材料应满足：高强度，良好的韧性、耐磨、耐蚀性及较好的机械加工性能等。

4. 气阀的检修内容

本部分主要以活塞式压缩机目前广泛采用的环状阀为主，介绍其技术要求及检修内容。

气阀的技术要求按零件分述如下。

阀片：其两平面研磨后表面粗糙度 Ra=0.20～0.32μm，其平行度偏差应在阀片厚度的公差范围内，且两平面应平整，平面度偏差应小于0.03～0.05mm，阀片内、外径同轴度偏差应符合技术要求，内、外两侧的圆度偏差应在直径公差范围内，阀片贴合表面对中心垂直度偏差应满足要求，表面不允许有任何裂纹、伤痕、毛刺或其他降低金属疲劳强度的缺陷，阀片在磁力工作盘上研磨后应进行退磁处理。

弹簧：其弹力应符合规定，柱形弹簧不应弯曲（即中部弹簧圈向外膨胀），两端应平行，不应有裂纹、磨损或擦伤，把弹簧放在水平面上，其轴线应与水平面垂直。

阀座与升程限制器：阀座上的各密封面应在同一平面内，宽度应相等，密封面应与中心线垂直，其垂直度偏差在100mm上不大于0.02mm，各密封面的圆周应与螺孔同心，气阀上的气体通路应光洁并无裂纹等缺陷。阀座与升程限制器配合处的圆度偏差应在直径公差允许范围；升程限制器的技术要求与阀座的要求基本相同。

气阀解体后，将各零部件洗净后，应进行以下几个方面的检查。

（1）阀座与升程限制器有无裂纹及掉块等缺陷。

（2）各密封面是否平整光滑，有无磨损现象。

（3）阀片平面度偏差是否在允许范围内，有无裂纹、折断、划伤等现象。

（4）弹簧端面是否平行、弹性是否符合要求、有无弯曲及断裂现象、外圆有无明显磨损。

（5）连接螺栓与螺母等连接件有无裂纹及螺纹损坏现象。

阀片出现裂纹或折断现象时，必须进行更换。阀座、阀片、升程限制器的密封面磨损或擦伤不大时，可用研磨或在磨床上精磨的方法修复，如图2-45所示；阀座密封面边缘发现有不太严重的裂纹或沟痕时，也可用研磨法消除。当弹簧使用时间过长，弹性变小或折断，弹簧两端面不平行或出现弯曲、外圆明显磨损等现象时，应更换新弹簧。连接螺栓与螺母等紧固件，若存在裂纹、弯曲变形、螺纹损坏等缺陷或断裂时，应进行更换。

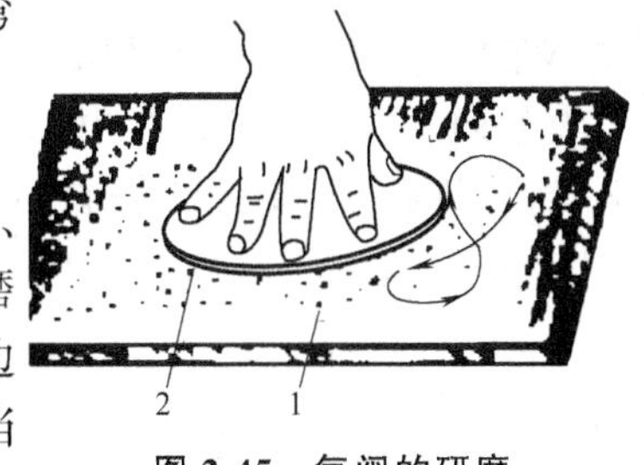

图2-45　气阀的研磨

1—平板；2—阀片

【任务实施】

一、工具和设备的准备

（1）活塞式压缩机装置，活塞式压缩机的主要零部件。

（2）常用的拆卸工具、测量工具、钳工工具等。

（3）备品、配件的准备。

二、任务实施步骤

（1）阅读压缩机图纸，了解待检修压缩机工作机构的结构。

（2）确定检查内容和标准。

（3）根据工作机构检查的情况制定检修方案和实施方法。

【知识拓展】

一、填料密封

（一）填料密封的要求

为了密封活塞杆穿出气缸处的间隙，通常用一组硬质密封填料来实现密封。填料是压缩机中易损件之一。在压缩机中，常用的填料有金属、金属与硬质填充塑料或石墨等耐磨材料。对填料的主要要求是：密封性好，耐磨性好，使用寿命长，结构简单，成本低，标准化、通用化程度高。

为了解决硬填料磨损后的补偿问题，往往采用分瓣式结构。在分瓣密封环的外圆周上，用拉伸弹簧箍紧，对活塞杆表面，进一步压紧贴合，建立密封状态。

硬填料的密封面有三个，它的内孔圆柱面是主密封面，两个侧端面是辅助密封面，均要求具有足够的精度、平直度、平行度和表面粗糙度，以保持良好的贴合。

压缩机中的填料都是借助于密封前后的气体压力差来获得自紧密封的。它与活塞环类似，也是利用阻塞和节流实现密封的，根据密封前后气体的压力差、气体的性质、对密封的要求，可选用不同的填料密封结构型式。

硬填料密封主要有两种结构型式，即平面填料和锥面填料。

（二）填料密封的结构

1. 平面填料

图 2-46 所示为一个带前置密封室的平面填料函，从左起依次为导向衬套，4 个主要密封室与一个前置密封室，密封室由密封盒与其中的平面填料组成。若压差大、活塞杆直径大则需密封室多，它们用长螺栓串在一起，拆装方便，润滑油由上方注油管注入，流入与气缸邻近的第一、二小室间及导向衬套处，安装时应保证润滑油通道对齐。衬套由耐磨金属制成，有导向、支承与节流作用。从气缸经填料泄漏出的气体进入前置密封室前的空间，再被引入压缩机的进气管或进入分离器最后排出室外。如果被压缩的是空气等无毒、不燃、不贵

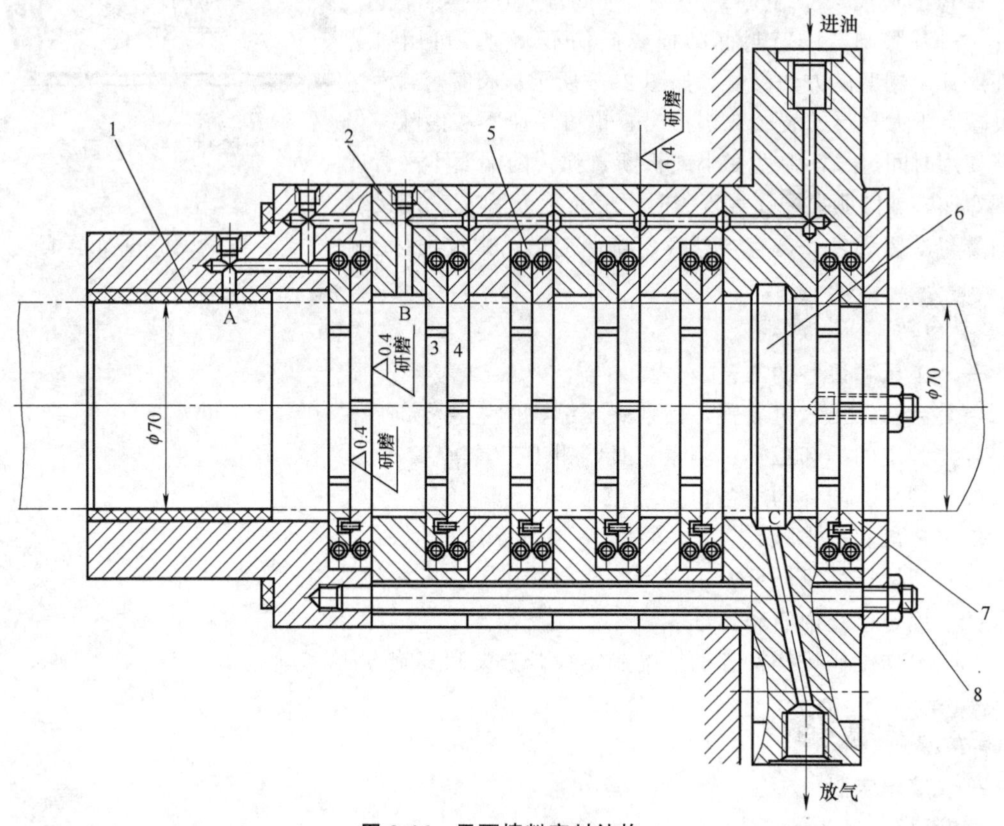

图 2-46　平面填料密封结构

1—导向套；2—密封盒；3—闭锁环；4—密封环；5—镯形弹簧；6—气室；7—前置填料；8—螺栓

重气体，则可让它漏出机外而不用设前置室。有时前置填料的另一个作用是防止曲轴箱的润滑油沿活塞杆窜入气缸及防止气缸中的油沫外溅，此时填料的内圆带有刮油锐角。

平面填料有两种型式，即三瓣式和三、六瓣式。在密封 10×10^5Pa 以下低压差时用三瓣式；在密封 100×10^5Pa 以下的较高压差时，用三、六瓣式。

三瓣式填料环，两环切口错开，用定位销定位后共置于同一密封室中，并留有适当的轴向间隙，靠近气缸的称为闭锁环，另一个称为密封环，镯形弹簧将它们箍在活塞杆上，各瓣间应有间隙，间隙的作用是，在磨损后，可保证在弹簧力与气体力的作用下，各环仍能与活塞杆贴合。如图 2-47 所示。

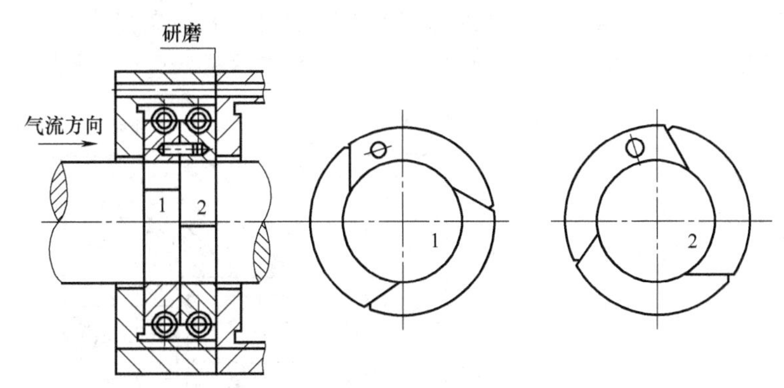

图 2-47　低压三瓣斜口填料环

闭锁环的作用是挡住密封环的切口，不让高压气体进入切口，同时高压气体通过轴向间隙及闭锁环的径向间隙进入环外圆的小室，作用于密封环的外圆面，使其紧抱活塞杆，阻止轴向泄漏，另外高压气体又将密封环紧压在研磨过的密封盒的端面上，阻止了气体的径向泄漏，填料密封属于自紧式密封。

三、六瓣式密封环，它们置于同一密封小室中，三瓣环应位于气缸侧，密封原理同三瓣式一样，但因密封环上气体压力的作用面小，所以在密封气体压力较大时，可以减少密封环对活塞杆抱得过紧的影响，而且密封环的径向间隙小也有利减少泄漏。如图 2-48 所示。

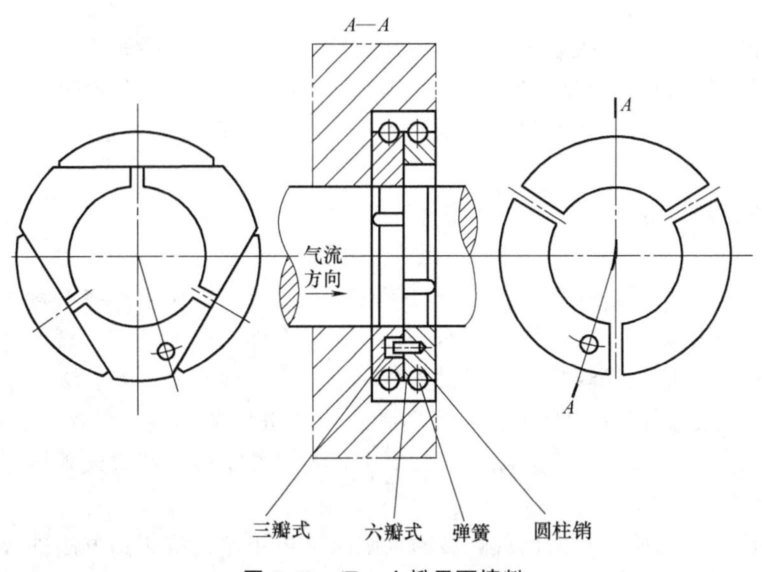

图 2-48　三、六瓣平面填料

填料环多用铸铁或青铜制造。为减少泄漏，密封环与密封小室的端面均应研磨，在密封环与闭锁环相贴面的内圆侧，不允许倒角，以免气体沿此倒角形成的环向空隙漏到切口去，对填料的平行度与表面粗糙度及对环的内孔圆度也有一定的要求，具体请参考有关资料。

2. 锥面填料

高压情况下，平面填料对活塞杆的抱紧比压太大，易磨损，为此高压密封宜采用锥面密封（见图 2-49）。它靠气体压力实现自紧密封。每个密封盒中的密封元件由一个单开口的 T 形环和两个单开口的锥形环组成，用圆柱销将三个环的开口各自错开 120°定位，密封环多用青铜制造，然后装在同锥度的锥面支承钢圈和压紧钢圈内，两钢圈均为整体环，它们与密封盒间有轴向与径向间隙，以备活塞杆摆动或变形时密封圈能随之移动。轴向弹簧的主要作用是使压缩机在升压前能压紧密封圈的锥面，使密封圈对活塞杆产生预压力。

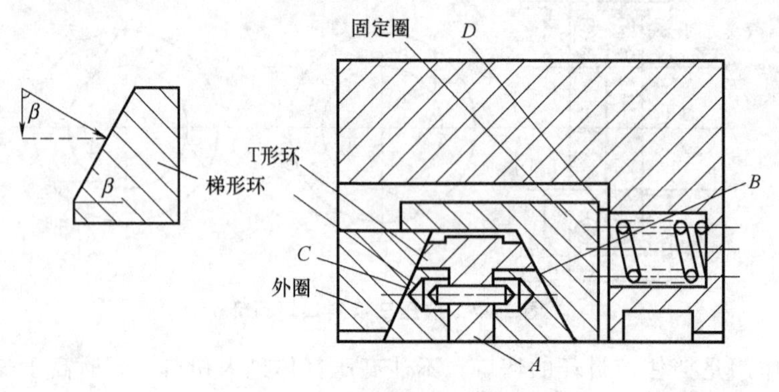

图 2-49　锥面填料密封结构

为了保证润滑油楔入摩擦面，改善摩擦情况，提高密封性能，在锥形圈的内圆外端加工成 15°的油楔角。安装时油楔角有方向性，应在每一盒的低压端。有时为了使填料盒径向油孔中流出的油保证能滴在活塞杆表面上，而不被气体吹走，在油孔中插入一根小金属管，管的出口端非常靠近活塞杆。

在长期运转中，为了提高密封圈抱紧活塞杆的能力，保持密封性，可以在 T 形环上均匀开几道轴向槽，以降低刚性。

锥形密封圈结构复杂，随着耐磨工程塑料的应用，现在已很少采用锥形密封圈填料。

除上述三种型式的密封圈填料外，还有活塞环式的密封圈。这种密封结构和制造工艺都很简单，内圈可按动配合 2 级精度或过渡配合公差加工，已成功地应用在压差为 2MPa 的级中。

（三）填料密封的检修

1. 检查

填料函密封环在使用过程中会产生磨损等现象，因此在检修时应将填料函进行解体，拆时应标记各密封环的装配位置，清除油垢后，对各零部件进行检查：密封环内表面和端平面是否有划痕、擦伤和麻面等缺陷，将密封环套在活塞杆或假轴上用着色法检查内环与活塞杆的接触情况，其接触面积应大于 80%，且内孔应没有贯穿的不接触情况；弹簧弹力是否合适，弹簧有无损坏；密封环开口间隙应满足要求，各零件不得有裂纹或划痕等缺陷。

2. 修理

当密封环内表面和两端平面出现轻微的缺陷时，可用涂色刮研的方法进行修理，内表面有缺陷或接触情况达不到要求的密封环可在活塞杆上或特制的研磨杆上涂上一层薄薄的显示剂（色油），将需修理的密封环套在杆上来回移动，然后从杆上取下密封环，将涂有显示剂的麻点轻轻刮削，可在平板上或研磨机上用研磨砂进行研磨，最后用着色法检查，缺陷严重时，则应更换密封环；弹簧弹力不足或损坏时，应更换新的弹簧；零件上存在有裂纹时也应更换。

二、活塞杆刮油器

1. 刮油器的结构

按刮油的要求和工作性质，刮油器大致可分为以下四种。

（1）对于一般隔油要求不高的压缩机，如低压空压机，只需将刮油环装在填料的末端，以防十字头润滑油大量地进入气缸。

（2）对于工艺流程中配套的压缩机，要求气体尽量少含油，因此在十字头导轨一端装有一个双向刮油器，如图2-50所示，双向刮油器把两种油分别向各自的方向刮回，每边开回油孔，使油回到自己的一侧。

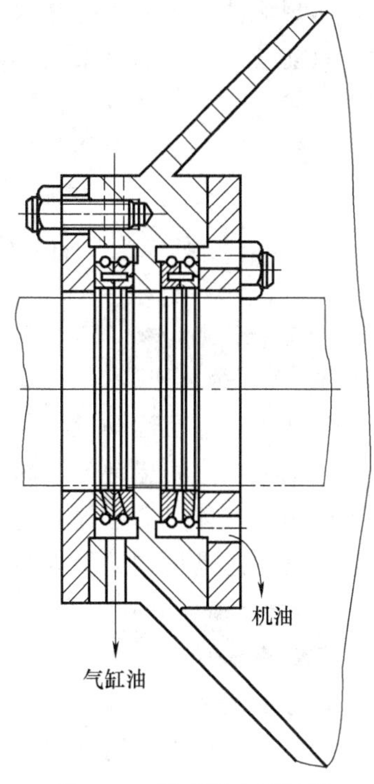

图 2-50　卧式双向刮油器

（3）对于气缸、填料实行无油润滑的压缩机，刮油器的作用是阻止十字头润滑油进入填料和气缸，因而刮油环只向十字头一方回油。

（4）对于严禁机油进入填料的氧气压缩机，对刮油器刮油效果的要求很严，要求在刮油器的外侧不见油滴和油雾。此外，还必须在刮油器和填料之间的活塞杆上装一个挡油器。挡油器内用耐油橡胶圈与活塞杆卡紧，堵住了油沿活塞杆向填料渗入的通道，能防止机油与氧气接触而可能引起的燃烧事故。

十字头在导轨内做往复运动，就像一个活塞推动导轨内的空气，造成空气升压，使刮油效果变坏，甚至把刮油器中的油吹成油雾，通过刮油器向填料扩散。因此，导轨两侧必须有足够的气窗，让空气回流，避免升压。

卧式刮油器的回油孔应开在下面，孔径宜大。上面应开透气孔使回流顺利。

氧气压缩机的回油孔必须通向十字头一侧。

刮油环的结构型式较多，其技术要求与密封环一样。

2. 刮油器检修

（1）检查　将刮油环从刮油器中取出，套在活塞杆上检查开口间隙是否合适；刮油环与活塞杆接触是否良好；内圆有无拉毛、划伤、磨损等缺陷；弹簧圈的弹力是否合适。

（2）修理　接触达不到要求或有轻微拉毛、划伤、磨损等缺陷时，可用刮研的方法修复，磨损严重开口间隙消失，则应更换；弹簧出现折断、弹力减弱现象，则应更换弹簧。

三、自润滑材料与无油润滑压缩机

在被压缩的气体中，有许多不允许被润滑油污染，如食品、生物制品、制糖业等部门，若在压缩气体中夹带有润滑油，不仅影响产品质量，并且可能引起某些严重事故，如爆炸、燃烧等。另外，如果被压缩的气体温度很低，如乙烯为−104℃，甲烷为−150℃或更低时，润滑油早已冻结硬化，失去正常的润滑性能。因此，目前越来越多的压缩机采用无油润滑技术。在无油润滑技术中，取消了用于润滑气缸和填料函的注油器及管路，从而简化了结构。

实现无油润滑的关键是研制合适的自润滑材料来制造活塞环、填料以及阀片等密封元件。目前使用最多的是填充聚四氟乙烯，其次是尼龙、金属塑料等。填充聚四氟乙烯是将聚四氟乙烯与一种或数种填充物如玻璃纤维、青铜粉、石墨、二硫化钼等按一定比例组成的混合物，经压制、烧结后加工成所需的活塞环、密封环和阀片等。

任务五　活塞式压缩机运动机构的组成及检修

活塞式压缩机运动机构包括曲轴、连杆和十字头等，通过连杆将曲轴的旋转运动转变为十字头的往复直线运动，带动工作机构实现了气体的压缩和输送，运动机构又承载着压缩机的惯性力、气体力等各种力的作用，运动机构的安全运行是保证压缩机正常工作的关键。应了解压缩机运动机构的组成和特点，检修内容和检修标准。

【任务分析】

任务的完成：识读压缩机图纸，了解活塞式压缩机运动机构的结构特点，对运动机构进行检查，针对检查中遇到的问题，制定维修方案和实施方法。

【相关知识】

一、曲轴的检修

（一）曲轴的结构

曲轴是活塞式压缩机的重要运动部件之一。它传递全部驱动功率，并承受拉、压、剪切和扭曲等复合载荷。曲轴的基本型式有两种，即曲柄轴和曲拐轴，前者多用于旧式单列或双列卧式压缩机，已被淘汰。曲拐轴主要由主轴颈、曲臂、曲轴销、轴身和平衡铁组成。曲轴可用铸造或锻造方法制造。由于铸铁能做成各种复杂形状，因此铸造曲轴常铸造成空心结构，这样既可提高曲轴的抗疲劳强度，减轻机身重量，又可利用其空腔作为油路。锻造曲轴在轴上钻孔构成油道。平衡铁用于抵消部分惯性力，如图 2-51 所示。

在不与十字头和连杆相撞的前提下，应尽可能增大平衡铁外径和平衡铁厚度。平衡铁与曲臂一般用抗拉螺栓连接，也可在曲臂两侧加键，以减小螺栓受力。为防止松动，连接件应销死，铸造曲轴可将平衡铁与曲轴铸成一体。有些平衡铁制成燕尾形结构，使螺栓受力较小。

轴颈与曲臂连接处是曲轴最易断裂部位，因此要用圆角圆滑过渡以消除应力集中。圆角越大，粗糙度越低，则强度越高，抗疲劳强度越好。过渡圆角有椭圆过渡，台肩，内圆角和外圆角等型式。

（二）曲轴的检修

曲轴在使用中，会出现轴颈磨损、裂纹、擦伤、刮痕、弯曲变形以及键槽磨损等缺陷。

1. 轴颈磨损的修理

当轴颈的圆度和圆柱度偏差不大时，可用手锉或抛光用的木夹具，夹以细砂布进行研磨修整。

当轴颈的圆柱度偏差较大时，则在车床车削或磨床上磨光。对于磨损较严重的轴颈，需

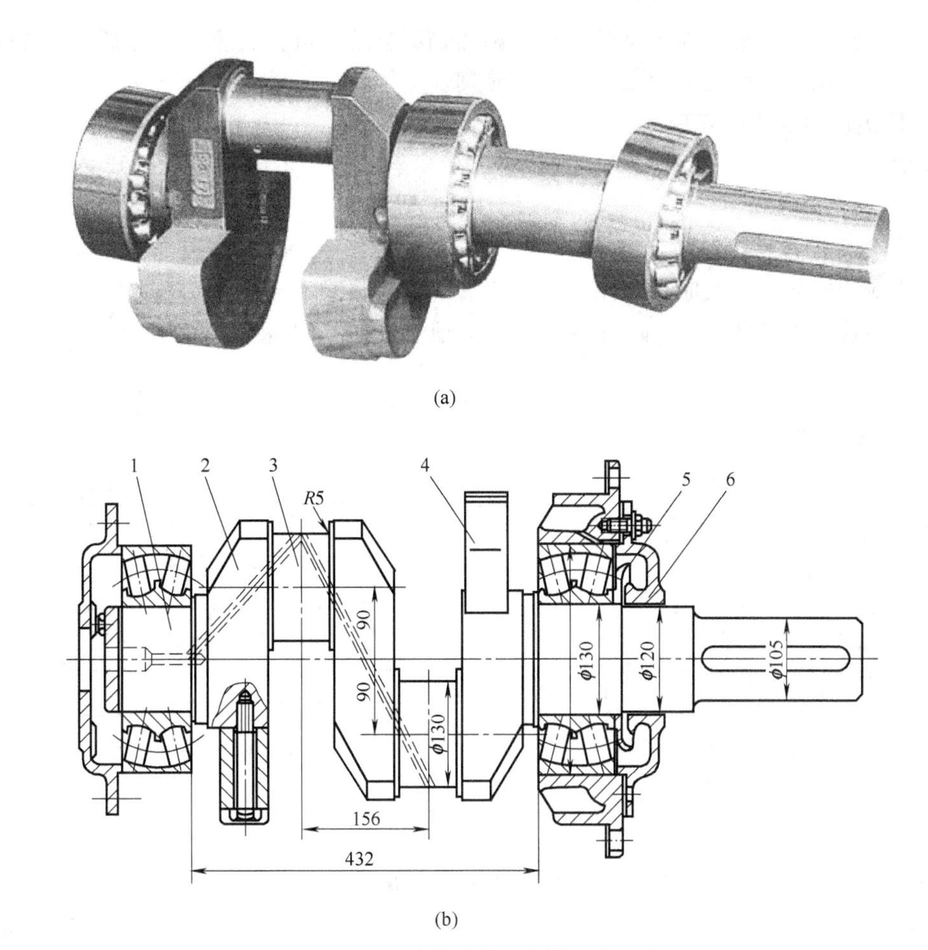

图 2-51　曲轴结构及曲轴上的油孔

1—主轴颈；2—曲柄；3—曲柄销；4—平衡铁；5—甩油圈；6—反向螺纹

经镀铬或喷钢后，再根据具体情况进行加工，以消除轴颈的圆度和圆柱度偏差，并恢复到原来尺寸。在车削或光磨轴颈时，必须严格保证圆角半径，使之与轴的直径相适应。如图 2-52～图 2-54 所示。

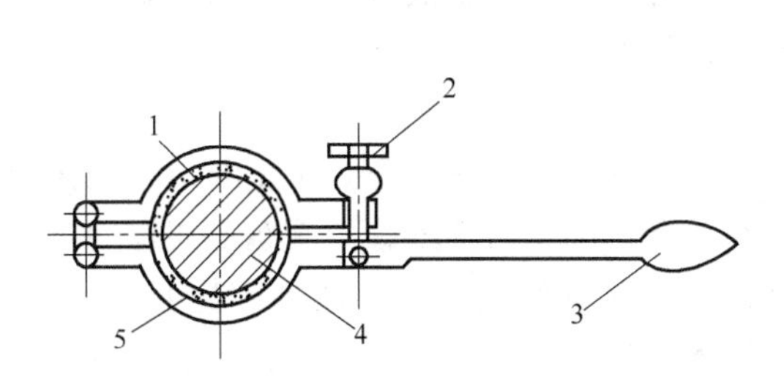

图 2-52　曲轴研磨工具

1—毛毡涂光磨膏；2—压紧螺钉；3—手柄；4—轴颈；5—磨光夹具

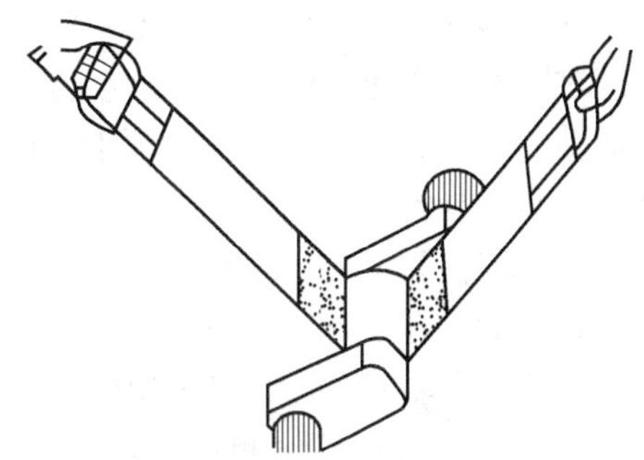

图 2-53　手工研磨轴颈

2. 轴颈裂纹的修理

曲轴的裂纹多半出现在轴颈上，可用放大镜或涂白粉的方法进行检查，必要时还可以进行磁粉和超声波探伤检查。如果轴颈上有轻微的轴向裂纹，可在裂纹处进行研磨，若能消除则可继续使用。轴颈上的周向裂纹，一般不修理，更换新的曲轴。

3. 轴颈擦伤和刮痕的修理

若轴颈上出现深达 0.1mm 的擦伤或刮痕，用研磨的方法不能消除时，则必须进行车削和光磨。

4. 轴颈变形的校正

当弯曲或扭转变形不大时，可用车削和光磨的方法消除。在车削和光磨后，轴颈直径的减少量应不超过原直径的 5%，同时还必须相应地变更轴瓦尺寸。较大的弯曲和扭转变形，可采用压力校正法校直，如图 2-55 所示。

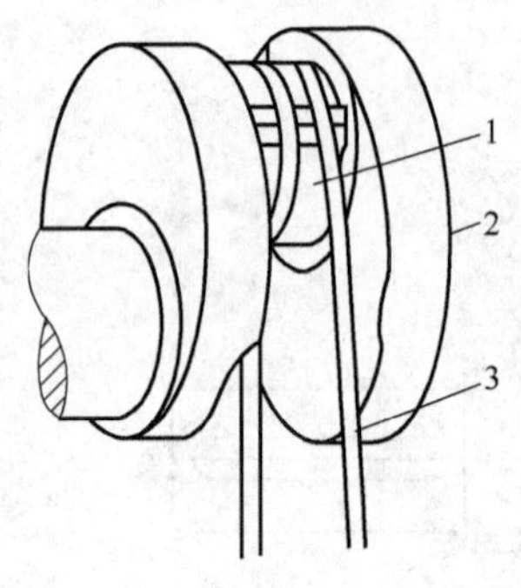

图 2-54　手工抛光曲轴轴颈

1—砂布；2—曲轴；3—麻绳

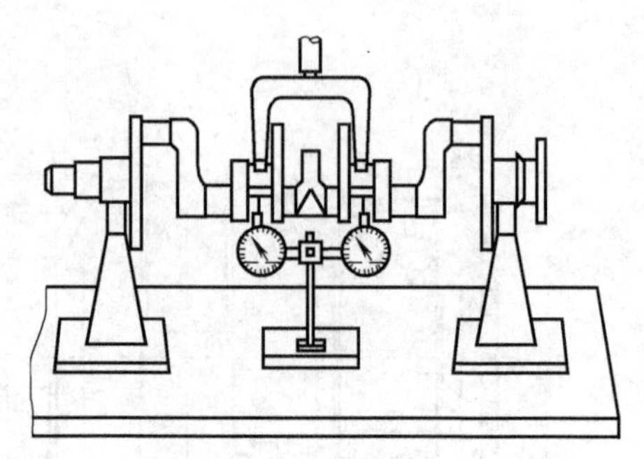

图 2-55　曲轴的校直

5. 键槽磨损的修理

曲轴键槽磨损宽度不大于 5%时，可用机械加工方法来扩大键槽宽度，但不得大于原来宽度的 15%。若键槽磨损宽度大于 5%时，需先焊补，然后用机械加工方法修复到原来尺寸，或采用换向法修理。

（三）主轴承检修

用压铅法检测轴瓦与轴颈之间的间隙，用着色法检查轴瓦与主轴颈、轴瓦瓦背与轴承座孔的接触贴合情况，检查轴瓦巴氏合金层表面有无磨损、空缺、划痕、烧坏等现象，有无脱壳、裂纹、破损，用千分尺测量轴瓦内、外圆表面的圆度和圆柱度偏差。

薄壁轴瓦出现损坏时一般不进行修理，直接进行更换。

厚壁轴瓦磨损但磨损程度没有超过修理尺寸时，可用垫片调整法调整轴瓦与主轴颈的径向间隙。注意，垫片不足时，禁止用拧紧或松动螺栓的办法调整轴瓦间隙。曲轴轴瓦调整应从中间轴瓦开始。

轴瓦磨损较大或出现裂纹、破损、脱壳等情况时，常用补铸法或补焊法重新浇铸巴氏合金，而后对轴瓦进行加工和刮研、修整，最后检查贴合情况及与主轴颈的接触面积和间隙。

轴瓦与主轴颈贴合情况可用研配方法进行修复，一般有假轴研配和曲轴研配两种方法。研配时，应不断测试接触情况，大致过程为：先修刮轴瓦两边瓦口，而后再进行轴瓦的修刮。

二、连杆和连杆螺栓的检修

连杆的作用是将曲轴的旋转运动转换为活塞的往复运动，同时又将作用在活塞上的推力传递给曲轴的部件。压缩机运行时，连杆受拉伸和压缩的交变载荷，此外，由于连杆的摆动运动，它还受本身的惯性力。连杆分为开式和闭式两种，闭式连杆大头与曲柄轴相连，这类连杆已很少使用。目前普遍使用开式连杆。

（一）连杆的结构型式

连杆结构如图 2-56 所示，连杆一端与曲轴相连，称为连杆大头，做旋转运动；另一端与十字头销（或活塞销）相连，称为连杆小头，做往复运动；中间部分称为连杆体，做摆动。通常，连杆大头中装有大头轴瓦，小头中有衬套。

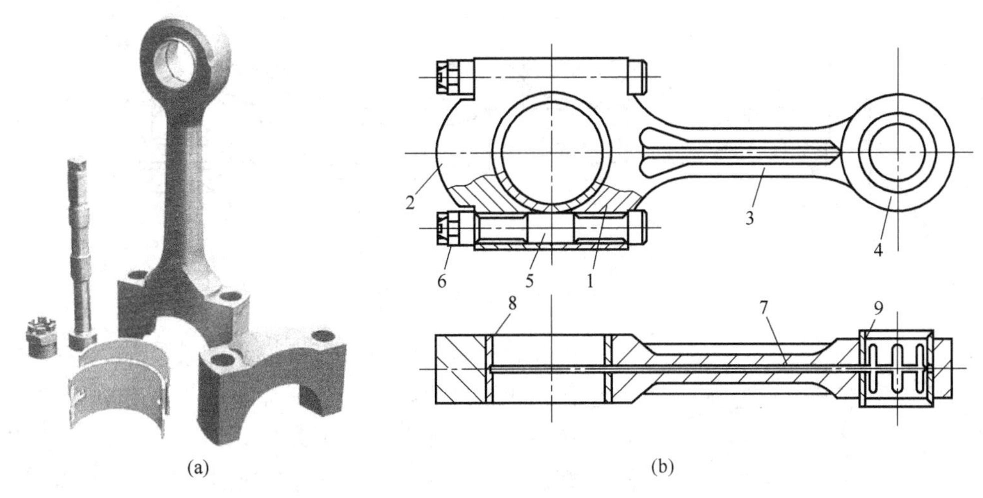

图 2-56　连杆结构

1—大头；2—大头盖；3—杆体；4—小头；5—连杆螺栓；6—连杆螺母；7—杆体油孔；8—大头轴瓦；9—小头轴瓦

连杆体截面形状有圆形、环形、矩形、工字形等。当强度相同时，工字形截面的运动质量最小，适于高速机。连杆大头通过螺栓与杆身连接，传递动力，连杆大头衬耐磨的轴瓦，轴瓦用巴氏合金浇铸而成。过去通常采用巴氏合金厚壁瓦，近年来国内外趋向于采用薄壁瓦，由于薄壁瓦与大头孔内径装配时有一定的过盈量，装入大头孔后，在螺栓的压紧力下使它紧贴于连杆大头上，其贴合度应大于 70%，因而它的承载能力比厚壁瓦大。

为了把润滑油自大头输送到小头，杆身中钻有油孔，当依靠飞溅润滑时，连杆大头盖上设有击油勺，并在大、小头上备有导油孔。

（二）连杆螺栓的结构型式

连杆螺栓是十分重要的零件，它将连杆大头盖和杆身连接在一起，承受交变载荷，如图 2-57 所示，是压缩机的薄弱环节之一。影响连杆螺栓强度的主要因素有结构、尺寸、材料、选择机加工工艺过程等。它的断裂一般在应力集中部位由于材料疲劳所造成。

1. 结构型式

图 2-57（a）所示为等截面螺栓，其疲劳强度较低。箭头所指的位置是结构的危险断面。图 2-57（b）所示为具有减小螺栓直径的弹性螺栓，它具有较高的疲劳强度，但凸台颈与螺栓杆的过渡处，容易产生较高的应力集中，应是光滑的圆弧过渡。凸台颈与螺栓杆的连接，采用圆弧结构较好。图 2-57（c）所示的结构是螺母下端制成锥形，以降低下端的刚性，起到卸载的作用，可使螺栓全长受力均匀，这种结构还可以减小附加应力产生的危害，一般用于大型压缩机。

2. 连杆螺栓的拧紧扭矩

连杆螺栓承受交变载荷，扭矩过大，会产生过大的初始应力，当连杆螺栓承受拉应力时，

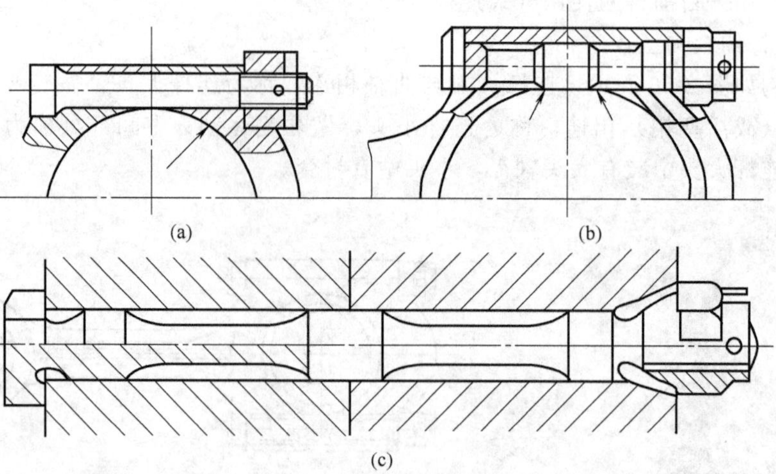

(a) (b)

(c)

图 2-57 连杆螺栓结构

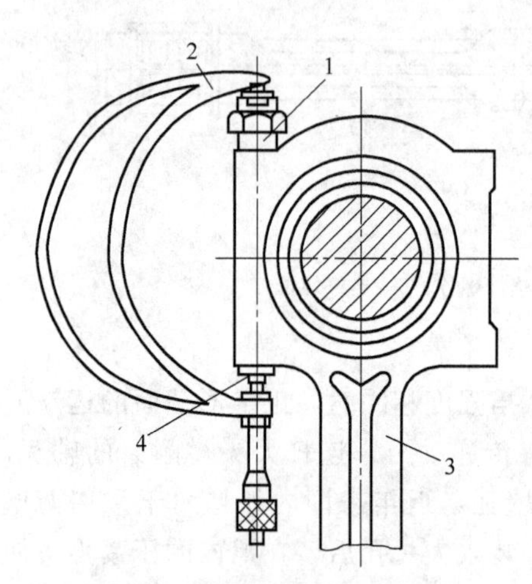

图 2-58 连杆螺栓伸长量的测定

1—螺母；2—千分尺；3—连杆；4—连杆螺栓

可能超过材料的屈服极限产生塑性变形，甚至拉断螺栓；扭矩过小，将使连杆体、大头盖和轴瓦之间因连接不紧而产生间隙，开车时，将发生冲击，造成连杆螺栓折断事故。所以连杆螺栓的预紧力非常重要。

通常情况下，用来保证连杆螺栓拧紧力的方法有两种：第一种，测量连杆螺栓伸长量δ，如图 2-58 所示；第二种，用扭矩扳手。

（三）连杆的检修

连杆出现连杆大头孔分界面磨损或损坏，如图2-59所示；连杆大头变形；连杆小头内孔磨损；连杆弯曲或扭曲变形等情况时，应及时修理。

连杆的具体修理内容如下。

1. 大头孔圆度修理

将连杆的大头瓦盖分界面磨削（或刮削）少许，再将大头瓦盖和连杆安装在一起，用连

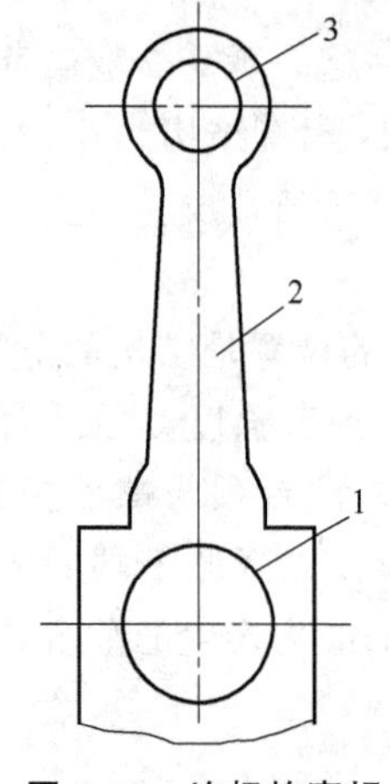

图 2-59 连杆的磨损

1—大头磨损；2—连杆体；3—小头磨损

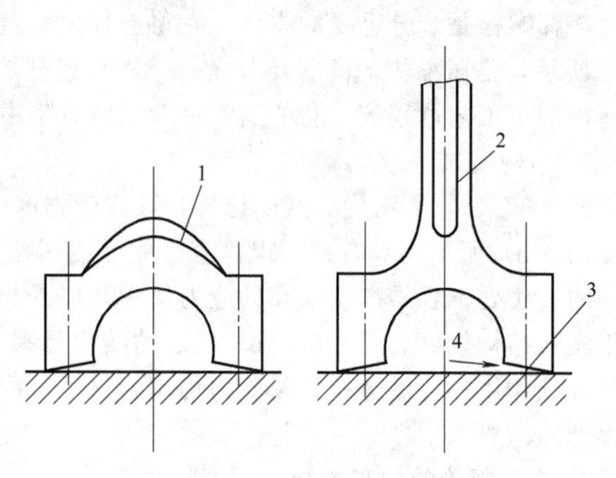

图 2-60 装配式连杆的修理

1—大头瓦盖；2—连杆体；3—平板；4—间隙

杆螺栓紧固，并按大、小头孔的原孔距和直径重新镗孔。

2. 连杆大头变形修理

连杆大头及大头瓦盖的变形是由于瓦超出分界面过高，螺栓拧紧后使大头盖承受过大的应力所致。连杆体及大头瓦盖变形可用平板检查，如图 2-60 所示。其修理方法与大头孔圆度的修理方法相同。

3. 连杆小头孔磨损修理

(1) 镗孔消除椭圆后，按加大的小头孔径配衬套。

(2) 以研磨法消除椭圆，小头孔修磨后压入衬套并镗孔，后进行大、小头的平行度检查。

4. 连杆弯曲、扭曲变形的矫正

连杆弯曲、扭曲变形应进行矫正。对于中、小型连杆弯曲，可用图 2-61 所示的连杆弯曲器进行矫正；扭曲可用扭曲矫正器或如图 2-62 所示的方法进行矫正。连杆矫正应先矫正扭曲，后矫正弯曲，矫正时用力要均匀。大型连杆可用冷矫法在压力机上进行，也可用热矫法进行矫正。

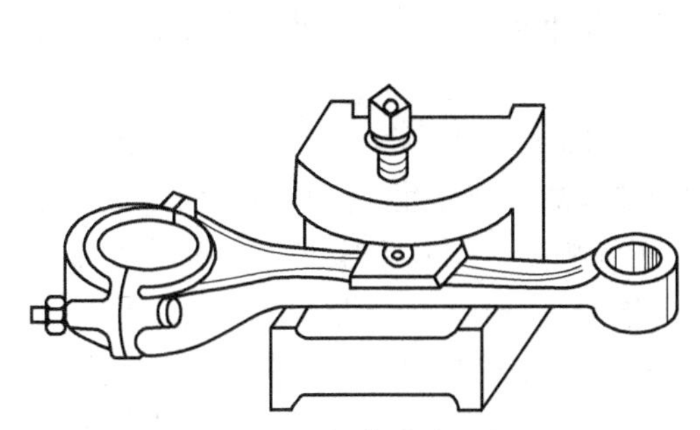

图 2-61　连杆弯曲变形矫正

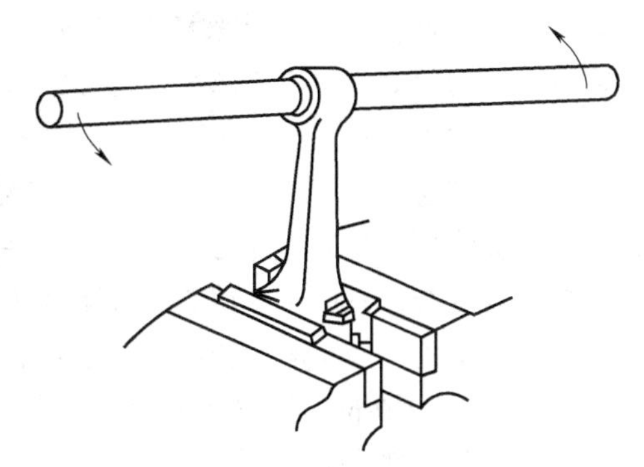

图 2-62　扭曲变形矫正

另外，连杆弯曲、扭曲矫正还可以直接加压冷矫或加热矫正。

连杆大头瓦若为厚壁瓦，当出现磨损时可参照曲轴厚壁瓦的修理方法进行修理，若为薄壁瓦，则应更换。在刮研大头瓦时应特别注意检验大头瓦与连杆中心线的垂直度偏差，方法如图 2-63 所示。检测垂直度是用重锤法来进行的，将细铁丝的一端系在连杆小头的中心线，使连杆处于倾斜向左的位置上，检查重锤线与连杆对称分面线重合；而后，向右倾斜连杆，重复上述检查，然后按照重锤线和对称分面线的平均误差值对大头瓦进行刮研。在大头瓦修理或更换后，也应在假轴

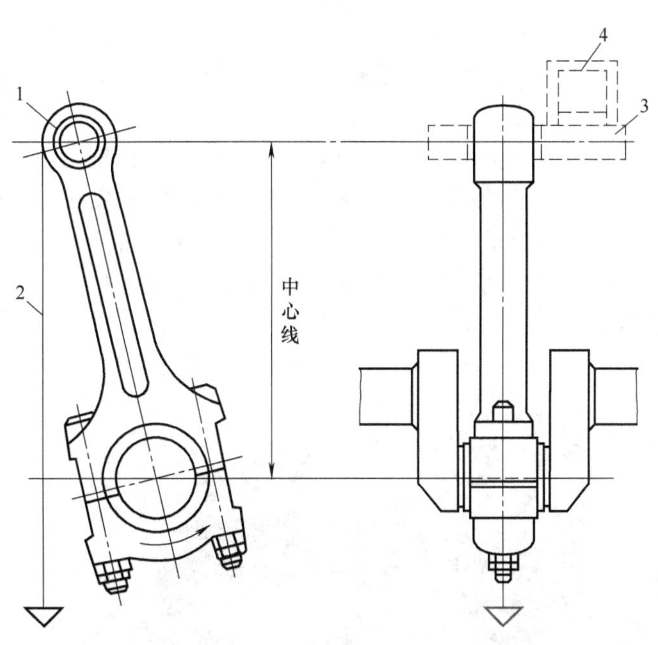

图 2-63　连杆瓦与连杆体中心线垂直度的检查

1—连杆；2—重锤线；3—检验轴；4—框式水平仪

或曲轴上进行配研，以检验接触情况和检测大头瓦与曲柄销间的轴向间隙和径向间隙，方法同主轴瓦的配研。

（四）连杆螺栓的检修

连杆螺栓的材料应具有高强度、高韧性，常用45钢、40Cr、30CrMo、40CrMnV等。

连杆螺栓表面不允许有裂纹、毛刺、裂缝、斑点及麻面；连杆螺栓定位部分，其圆度和圆柱度偏差应不大于直径公差的1/2，表面粗糙度 Ra 值为0.8～1.6μm；连杆螺栓、螺母的支承面应紧密地均匀接触；螺纹对螺栓中心线应垂直，其倾斜度偏差应不大于0.05mm；拧紧连杆螺栓应测量长度，或采用扭矩扳手，伸长量或扭矩应符合规定要求。为了保证连杆螺栓的使用安全性，在自由状态下，如果其伸长量超过2/1000，就应更换。

连杆螺栓应检查螺纹是否损坏，配合有无松动；可用放大镜对螺纹、倒角、过渡面检查有无出现裂纹等缺陷，也可用油浸法进行检查，必要时还可进行超声波或磁力探伤检查；检查连杆螺栓是否产生过大的残余变形。出现上述情况之一，即进行更换。

三、十字头的检修

十字头是连接连杆和活塞杆的零件，具有导向和传力的作用。它在中体导轨里做往复运动，将连杆的动力传给活塞部件，对十字头的基本要求是重量轻、耐磨，并具有足够的强度。

（一）结构型式

十字头按连接连杆的型式分为开式和闭式两种，如图2-64所示。开式十字头，连杆小头处于十字头体外，叉形连杆的两叉放在十字头体的两侧，故叉部较宽，连杆重量大，开式十字头制造比较复杂，只用于拟降低压缩机高度的立式压缩机中。闭式十字头，连杆放在十字头内，闭式结构的十字头刚性较好，与连杆和活塞杆的连接较为简单，所以得到广泛的应用。

十字头体与滑履连接方式有整体式与剖分式两种。整体式结构简单，重量小，适用于高速小型压缩机，滑履磨损后，可重新浇铸巴氏合金或更换一个十字头。剖分式可以调整十字头和活塞杆的同轴度，也可调整十字头和滑道的径向间隙，适用于大型压缩机，滑履磨损后，可直接用垫片调整间隙。图2-65所示为剖分式十字头的结构。

十字头与活塞杆的连接方式有多种，常见的有螺纹［见图2-66（a）］、联轴器［见图2-66（b）］、法兰［见图2-66（c）］、液压连接（见图2-67）等。对各种连接方式的要求如下：便于安装；便于调节活塞与端盖之间的间隙；减少活塞或十字头在运行中磨损不同而带来的活塞杆倾斜。

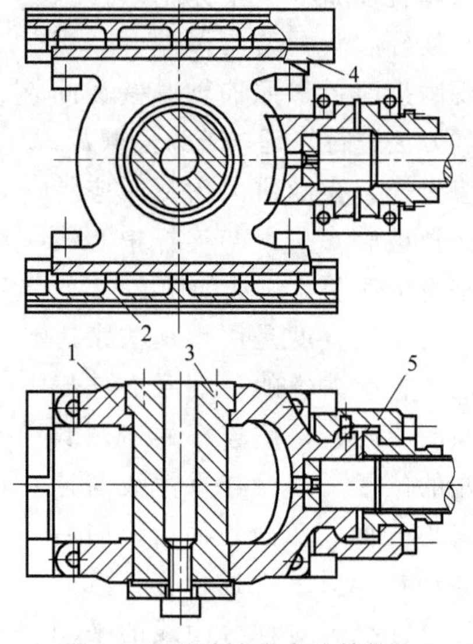

图2-65 剖分式十字头的结构

1—十字头体；2—滑履；3—十字头销；4—垫片组；5—连接器

图2-64 十字头的结构型式

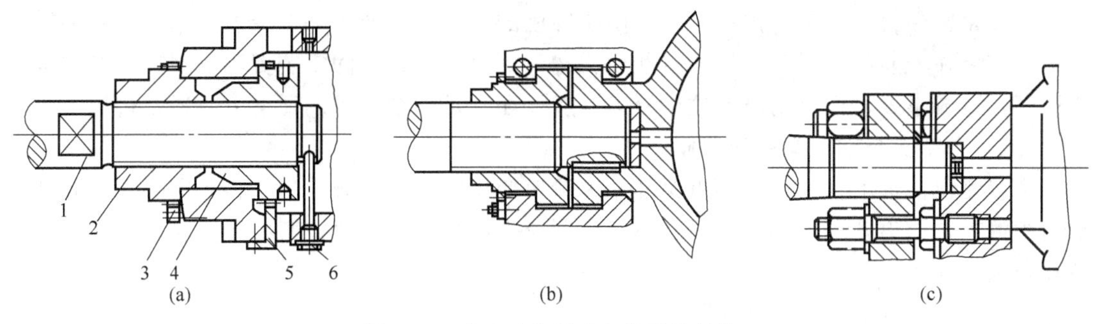

图 2-66　十字头与活塞杆的连接结构

1—活塞杆；2,4—螺母；3,5—放松板；6—放松螺钉

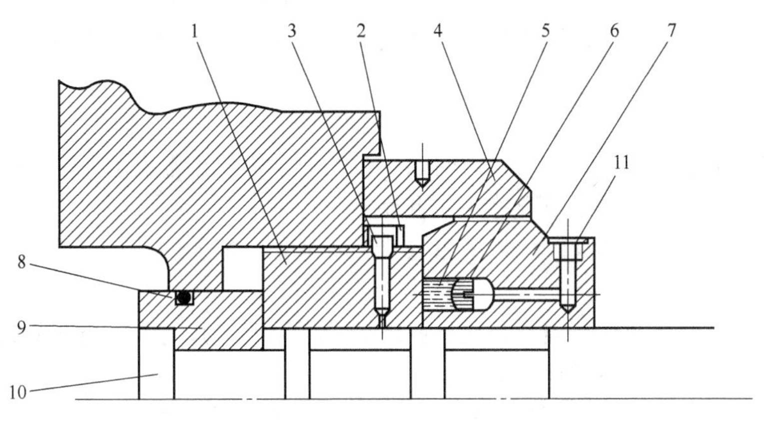

图 2-67　液压连接十字头的结构

1—定位环；2—调整环；3—螺钉；4—锁紧螺母；5—压力活塞；6—密封圈；
7—压力体；8—连接弹簧；9—止推环；10—活塞杆；11—油泵高压接头

螺纹连接结构简单，重量轻，但检修后要重新调整余隙容积，活塞杆需用防松装置锁紧；联轴器与法兰这两种连接结构，使用可靠，调整方便，活塞杆与十字头的对中，靠法兰圆柱面的配合公差来保证，其缺点是结构笨重，故多用在大型压缩机上。液压连接通过拉伸活塞杆来达到增加预紧力的目的，可靠性比较高，一般用于大型压缩机，如图 2-67 所示，通过高压油泵加压后，压力活塞 5 在压力作用下开始移动，从而使活塞杆 10 被拉长，再通过锁紧螺母 4 来获得需要的预紧力。

十字头销有圆锥形［见图 2-68（a）］、圆柱形［见图 2-68（b）］及一端圆柱一端圆锥形［见图 2-68（c）］三种，十字头销为一重要零件，它传递全部连杆力，要求韧性好、耐磨和抗疲劳，它的材料常用 20 钢，表面渗碳、淬火。

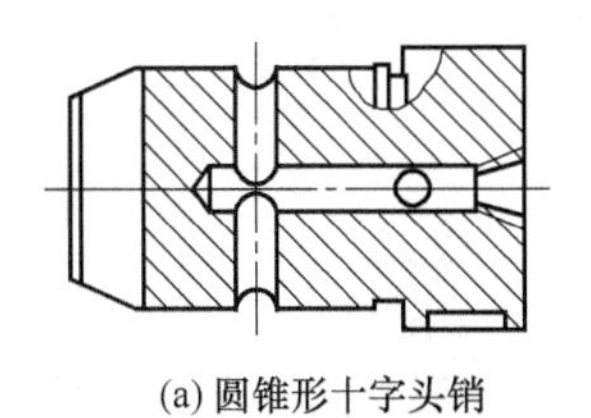

(a) 圆锥形十字头销

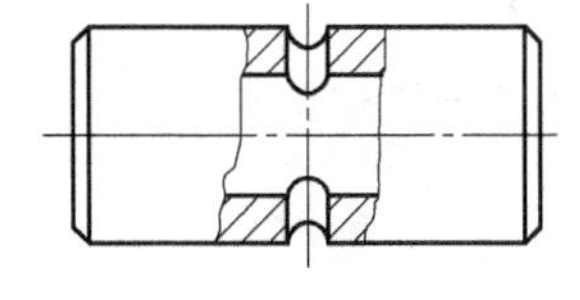

(b) 圆柱形十字头销

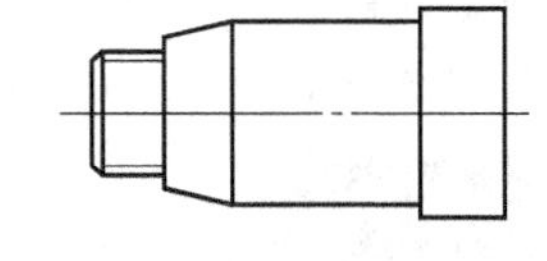

(c) 端圆锥形十字头销

图 2-68　十字头销的结构

圆柱形销可以在连杆小头孔内与十字头销孔座内自由转动，磨损均匀。圆锥形销锥面上的键既能防止径向油孔移位，又能防止十字头销在孔座内转动，十字头销借助螺钉与十字头

锥面销孔紧密贴合。但是对锥销来说，由于锥度的存在，会产生一个沿着锥销中心线的轴向分力，如果在安装的时候，锥销的接触面积达不到要求或轴向固定装置不稳固，极易造成锥销脱落，造成事故，而直销没有这个分力，所以在满足强度要求的情况下，通常选用直销。

（二）十字头与十字头销的检修

准确测量滑道上、中、下各点尺寸，因滑道使用后，往往有变形。将十字头和滑履装入滑道中滑动，测出各点最小间隙。如不合格则应先修整滑履，滑道磨损严重应先镗滑道，再按规定间隙配车十字头滑履。

1. 十字头摩擦面磨损的修理

熔掉原合金层，重浇巴氏合金，再进行机械加工。新挂巴氏合金的滑履预留刮削余量0.1～0.2mm，然后与滑道配刮。若轴衬材料是巴氏合金，也可以用补焊法焊补。焊前最好将原轴瓦表面的合金层刮掉，清除聚集合金表面的杂质，以提高焊补质量。连接螺纹损坏，补焊后用机械加工方法修复。

2. 十字头销的修理

十字头销与十字头、小头瓦的径向间隙，对运动结构的正常安全运动十分重要。间隙过大，可能造成十字头销掉落或断裂等重大事故。

十字头销在外径磨损不大时，可采用电镀法修理；当配合达不到技术要求时，可将十字头销与销孔相互配研。

闭式十字头的圆柱销孔磨损后往往成椭圆形，可用镀铬修复。销与孔的配合间隙必须符合规定，切勿在圆柱孔内垫铜皮或钢皮。

当十字头销锥孔磨损成椭圆时，可用配磨方法消除。配磨时，十字头销应处于垂直位置，配磨后油孔应对准、畅通。

3. 整体十字头更换

十字头体或滑履出现裂纹，则换新十字头。十字头销磨损严重或出现裂纹则应予以更换。

【任务实施】

一、工具和设备的准备

（1）活塞式压缩机装置，曲轴、连杆和十字头等部件。

（2）常用的拆卸工具、测量工具、钳工工具等。

二、任务实施步骤

（1）准备备品、配件。

（2）阅读图纸。了解待检查维修的曲轴、连杆或十字头的结构。

（3）确定检修方法，制定检修方案。

（4）对照图纸对待检修的部件进行检修或更换。

【知识拓展】

连杆螺栓拧紧扭矩的确定

连杆螺栓的扭矩过大，会产生过大的初始应力，当连杆螺栓承受拉应力时，可能超过材料的屈服极限产生塑性变形，甚至拉断螺栓；扭矩过小，将使连杆体、大头盖和轴瓦之间因连接不紧而产生间隙，开车时，将发生冲击，造成连杆螺栓折断事故，所以连杆螺栓的预紧力非常重要。

采用厚壁瓦时，连杆螺栓的预紧力为

$$T=(2.1\sim2.5)\frac{P}{Z} \tag{2-15}$$

式中　T——预紧力，kgf（1kgf=9.8N）；

P——最大活塞力（指气体作用在活塞端面上的最大的力），kgf；

Z——螺栓个数。

采用薄壁瓦时的预紧力为

$$T=[P_1+(2.1\sim2.5)P]\frac{1}{Z} \tag{2-16}$$

式中　P_1——薄壁瓦过盈所需的力，kgf。

通常情况下，用来保证连杆螺栓拧紧力的方法有两种。

第一种，测量连杆螺栓伸长量δ，如图 2-58 所示。

$$\delta=\frac{4TL}{E\pi d_0^2} \tag{2-17}$$

式中　T——预紧力，kgf；

L——螺栓总长度，cm；

E——螺栓材料的弹性模量，钢与合金钢为 2.1×10^6 kgf/cm^2；

d_0——螺栓直径，cm。

第二种，用扭矩扳手，其所需扭矩为

$$M=KTd_0 \tag{2-18}$$

式中　K——系数；

T——预紧力，kgf；

d_0——螺栓直径，cm。

K 的取值范围根据螺母支承端面接触情况及螺纹表面情况而定。有润滑油的精加工表面，K 取 0.15；干燥的精加工表面或有润滑油的粗加工表面，K 取 0.18；干燥的粗加工表面，K 取 0.27。

为了保证连杆螺栓的使用安全性，应严格控制其伸长量，在自由状态下，如果其伸长量超过 2/1000，就应更换。

任务六　活塞式压缩机的安装与试车

【任务描述】

对于检修完毕或解体出厂的压缩机，在其工作现场进行安装。完成压缩机安装与试车工作，并在试车结束后，将压缩机交付给生产车间。首先，根据压缩机图纸、安装说明等，熟悉压缩机的安装步骤，制定安装方法，掌握安装过程测量内容和测量方法；然后对压缩机进行试车与交接。

【任务分析】

任务的完成：识读图纸，了解待安装压缩机的结构，要求；根据结构，制定安装步骤和安装操作规程。从安装开始前的准备工作、安装过程的实施，到安装结束后的试车与交接等，制定严格的重量控制标准和施工方法，在安装及试车过程中，做好检查记录。

【相关知识】

活塞式压缩机的安装，一般分为整体安装和解体安装。整体出厂压缩机，就是机组经过安装调试好，并在出厂前进行了不少于2～4h满负荷连续试运，经检验合格后出厂的设备，安装时按整体安装来施工。解体出厂的压缩机，就是经试运合格后再按几个大部件分开包装，或者所有部件都是散件，安装时按解体安装来施工。由于压缩机的结构复杂，零部件多，且有些零件体积大、重量大，因而装配一台压缩机需要多工种的相互配合，统一指挥协调下完成。压缩机安装质量的好坏，直接影响到压缩机的性能、修理周期、使用寿命及成本。

一、活塞式压缩机的安装

往复式压缩机的安装主要包括安装前的准备工作、基础的检查与验收、机体的安装与找正等内容。

（一）安装前的准备工作

装配前的准备工作，主要包括以下几方面的内容。

（1）安装前应具备相应的技术资料。必须按要求备齐所有图纸和资料。

（2）根据相关资料、施工图和安装规范要求，编制施工方案，培训全部施工人员。

（3）按相应的图纸和规范要求认真进行压缩机的基础验收及处理。

（4）准备装配用的工装夹具、量具及材料和辅助用品等。

（5）清洗好的零部件分组、分类摆放在指定位置，以便于安装。

往复式压缩机的装配特点是先把零件组装成组合件，然后再回装成总体。压缩机的装配总原则是，以装配方便为基准来安排回装先后顺序。一般压缩机的安装顺序大致如下：机身、中体、气缸、十字头、曲轴、连杆、活塞、气缸盖、机身盖、其他小的零部件。安装时应注意，不要造成在安装某一零部件时还需拆已装好的部件；当遇有零部件有几种装配方法时，应以最省力、最方便为原则。

往复式压缩机在装配过程中，应严格控制并确保主要零部件的位置精度达到技术要求，使主要零部件的装配间隙等符合技术标准。

（二）机体的安装

往复式压缩机的机体形式主要有L型和对称平衡型两种。现以L型压缩机为例介绍机体的安装。

机体经检查确认无渗漏、裂纹等缺陷后，即可进行安装。

安装前，要先准备好垫铁和小千斤顶。由平垫铁和斜垫铁组成垫铁组，每个垫铁组由两块斜垫铁和数块平垫铁组成，垫铁可用钢板或铸铁板制作（垫铁尺寸大小由机身大小而定，具体数据可参阅有关资料。垫铁总高度一般不超过70～150mm，每组块数应尽量少，为4～6块。垫铁平面应平整，斜垫铁应比平垫铁长）。放置方法如图2-69所示。

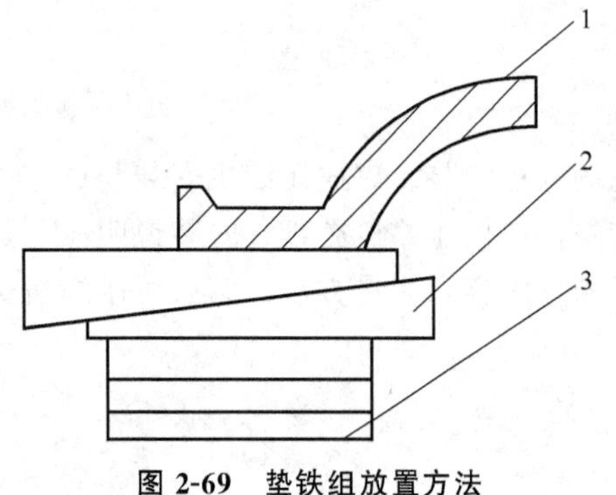

图2-69 垫铁组放置方法

1—机座；2—斜垫铁；3—平垫铁

安装时，首先在基础表面上画纵横中心线、标高线，并对基础表面进行铲麻面处理，在放垫铁和千斤顶之处将基础表面铲平，放置好垫铁和千斤顶。在每个地脚螺栓的两侧各放一组垫铁，且力求靠近地脚螺栓。在主轴承或中体（十字头滑道）下也应放置垫铁。

用吊车等工具将机身平稳地落到基础上，注意按中心线定位，其偏差和标高偏差应符合技术要求。

1. 单列 L 型压缩机机体的安装

这种压缩机机体的找平，一般使用精度为 0.02mm/m 的框式水平仪放置在立式机身的法兰面上或在水平滑道上进行测量，如图 2-70 所示。粗找水平时，是用临时垫铁或小千斤顶来调整，并采用“三点”调整法进行。精找水平时，是先拆除地脚螺栓上的定位套及临时垫铁或小千斤顶之后，利用永久垫铁来调整。但不管粗找水平还是精找水平，都必须将框式水平仪就地调转 180°测一次，并取其平均值，这样才可避免测量上的误差。

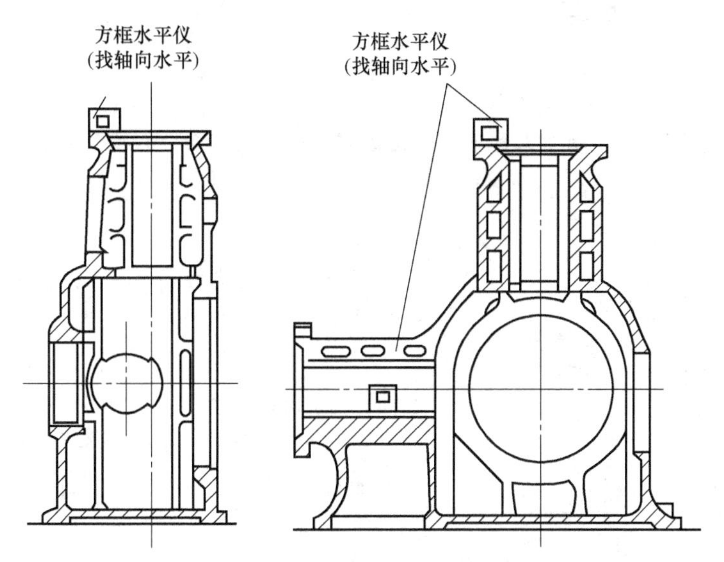

图 2-70　L 型压缩机机体找平方法

2. 双列 L 型压缩机机体的找平

这种压缩机是由两台 L 型压缩机组成，共同由一台电动机带动，即电动机在中间，电动机两端通过两个联轴器分别与每台 L 型压缩机的联轴器连接。安装时，先安装好中间的电动机，并精找水平后上紧地脚螺栓，以电动机为基准，用框式水平仪测量各台压缩机机体法兰面的水平度的同时，结合测量两侧压缩机与电动机联轴器的同轴度。同样，粗找水平时，用临时垫铁或小千斤顶来调整，精找水平时，用永久垫铁来调整。

机体安装后，应对称均匀地拧紧地脚螺栓，并复查垫铁组是否压紧，再查机体的水平度和主轴承孔同轴度。机身地脚螺栓的紧固应使用力矩扳手以防紧力过大或不足。

（三）运动部件的安装

1. 曲轴与轴承的安装

曲轴及主轴承经认真检修后，在保证曲轴和主轴承油孔畅通、曲轴平衡铁与曲轴连接紧固并锁紧、主轴轴瓦瓦背与轴承座孔及轴瓦与主轴颈贴合面符合技术要求等条件下，即可进行曲轴与主轴承的安装，过程如下。

将主轴底瓦放于轴承座孔内，检查两侧无间隙，固定好底瓦。用起重工具吊起已经清理的曲轴，并轻轻放在主轴底瓦上，然后检测曲轴的水平度偏差，曲轴中心线与机身中心线的平行度偏差，方法如图 2-71 所示。安装上轴瓦，拧紧轴承压盖。盘车使曲轴旋转，两次检查轴瓦与主轴颈的接触情况并经过刮研直到达技术要求。用压铅法或压入薄铜片法测量轴瓦与主轴颈间的径向间隙，并用垫片调整法进行调整；其轴向间隙可用塞尺来测量，并由止推环厚度或轴瓦翻边的轴向高度来控制和调定轴向间隙至技术要求的数值。

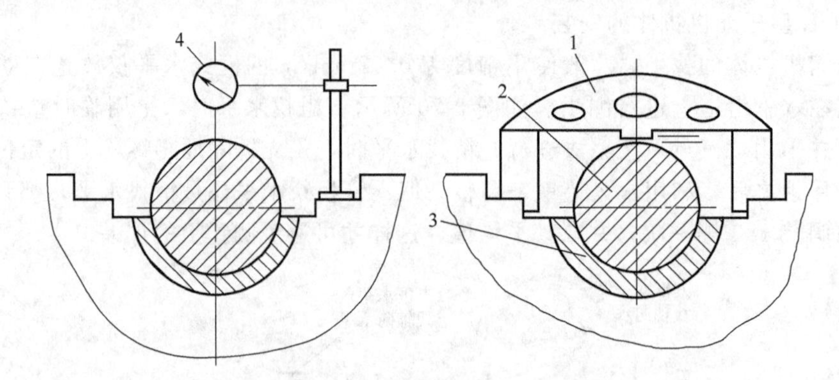

图 2-71 用桥规和千分表检验曲轴中心线与机身中心线平行度

1—桥规；2—曲轴；3—曲轴瓦；4—千分表

2. 连杆的组装

连杆组件经检修合格，并对杆体通油孔、轴瓦等清理干净后，便可进行组装。

（1）连杆小头衬套的压入 装配时，若连杆小头轴瓦采用衬套时，可用压力机将衬套在冷态下压入。中、小型压缩机连杆小头衬套直径不大时，也可用锤打入或用专用压入工具压入，如图 2-72 所示。压入时，应在衬套外面涂以少量机油并在压入接触面上垫硬木或软金属垫，也可采用导向心轴和套环，以免损坏衬套表面；衬套应放平且对正小头孔，同时使衬套油孔与杆体油孔对正；压入时，应徐徐加压，施力要均匀。

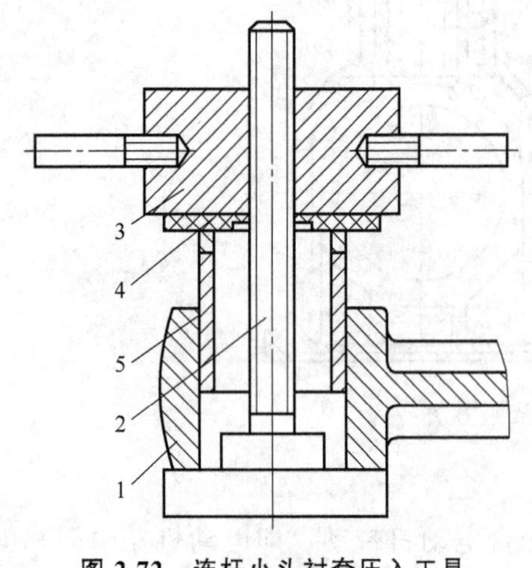

图 2-72 连杆小头衬套压入工具

1—连杆；2—丝杠；3—螺母；4—垫圈；5—连杆小头衬套

（2）连杆小头衬套与十字头销的研配 连杆小头衬套压入后，直径稍有缩小，用着色法检查衬套与十字头销的接触贴合情况，并用刮削法对衬套内孔进行修理，直到用手能将十字头销轻轻推入内孔，并在其中转动且接触面符合技术要求；同时对油槽表面、槽口等处进行刮削；而后将研配好的衬套与十字头销分别打上记号，以方便装配。刮削时应注意边刮边用卡尺测量、检验衬套两面，以免刮成椭圆形或圆锥形，同时还应用厚薄规检测配合间隙。

（3）连杆组合件的回装 盘车，使曲轴处于合适位置，将连杆大头瓦内瓦装入杆身，吊起连杆杆身从曲轴箱内装入，将连杆大头瓦连同大头瓦盖吊入，用连接螺栓连接拧紧。装配时还应用压铅法（见图 2-73）或压入铜片法（见图 2-74）测量大头瓦与曲柄销间的径向间隙，用厚薄规检查连杆轴瓦的轴向间隙，如图 2-75 所示。拧紧连杆螺栓螺母时，应尽量使用测力扳手。

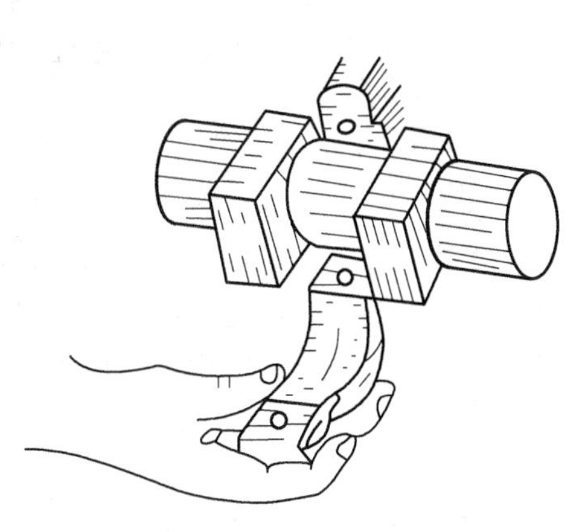

图 2-73　压铅法

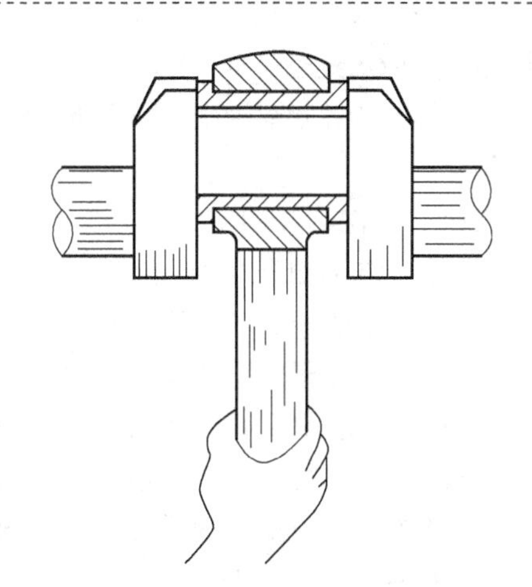

图 2-74　压入铜片法

3. 十字头的装配

一般情况下，十字头应在安装曲轴和连杆前，从曲轴箱内装入。也可从油窗孔装入。

十字头的装配包括十字头与机身滑道装配前的校验、十字头与机身滑道的研配及十字头安装等。

(1) 十字头与机身滑道装配前的校验　十字头与机身滑道研配前，必须校验十字头中心线与活塞杆中心线的同轴度。把活塞杆装于十字头上，拧紧连接螺母，而后将组件放在平板的V形铁上，先用千分表找平活塞杆，然后再检测十字头滑板表面的水平度，即可发现有无水平度偏差。如倾斜，可车削滑板表面或在滑板下装垫片加以调节。如图2-76所示，用此法也可校验十字头销孔中心线与十字头中心线的垂直度，当校好活塞杆与十字头水平后，在十字头销孔中插入检验小轴，用框式水平仪即可检验出垂直度偏差值。

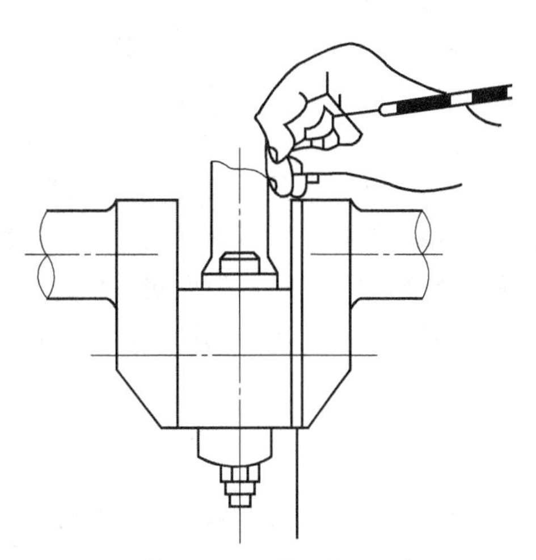

图 2-75　用厚薄规检查连杆轴瓦的轴向间隙

机身滑道应校验其水平度偏差，方法如前述。

(2) 十字头与机身滑道的研配　刮研十字头滑板，使其与机身滑道接触点均匀。一般将十字头滑板上涂以显示剂，将十字头送入机身滑道来回拉动，按着色点进行刮削，拉研长度应为行程长。在刮研过程中，要经常用厚薄规检查十字头与机身滑道的配合间隙，当十字头中心线与滑道中心线重合而仍不能符合技术要求时，可用垫片或机加工方法调整。

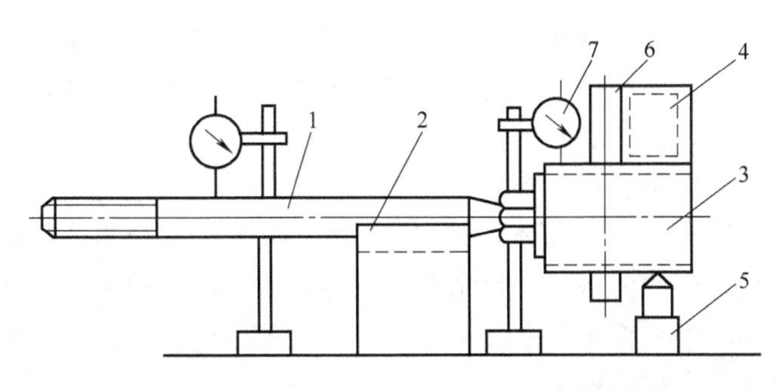

图 2-76　活塞杆和十字头组件中心线垂直度的检验

1—活塞杆；2—V形铁；3—十字头；4—框式水平仪；5—千斤顶；6—检验小轴；7—千分表

(3) 十字头的安装　将研配好的十字头从曲轴箱吊入，轻轻推入机身滑道内，待连杆装配完毕，用十字头销将连杆小头与十字头体相连，并用防松装置锁牢。

此外，应注意销轴上下油孔要对准十字头的上下油孔，否则会因油路不通而烧毁连杆小头瓦。

（四）工作部件的安装

1. 中体与气缸的安装

（1）中体的安装　在组装中体之前，机身应根据两端主轴瓦窝及轴承座与瓦盖的结合面先行初步找正完毕。分别用内外径千分尺测量中体与机身的配合尺寸及圆度和圆柱度，以便在中体找正时心中有数。将各列中体逐个开始组装在机身上，凡套装上去的中体，应将全部连接螺栓均匀上紧，但上紧度应控制在规定上紧力的70%左右。

（2）气缸的装配　通常在机身安装结束后进行。

① 气缸的回装　回装前，应在连接处加上符合规定厚度的橡胶石棉垫，并在垫片与气缸平面之间均匀涂一层薄薄的液态密封胶。

将气缸与中体（或中间接筒）的连接螺栓紧固好，气缸支承安装应接触均匀，并留有热膨胀间隙。必要时，可将气缸上端用水平仪检验水平度偏差。

② 气缸安装位置的找正　实质上是气缸与滑道中心线同轴度的找正。找正可以与中体等找正同时进行。其方法有：拉线找正法、用光学准直仪进行校正等。

当偏差超标时，可利用以下方法进行调整：气缸中心线与滑道中心线平行偏移时，可将气缸位置平行移动；倾斜度超过允差时，采用锉削、刮研气缸止口结合面的方法来调整；超差过大时，应用机械加工进行调整，但应注意不可用加偏垫或调节连接螺栓松紧程度等方法来调整。

③ 缸套的换装　一般采用液压机来压入和压出缸套。如缸套太紧也可用镗床将缸套镗去。

气缸找正合格后，与中体一起要将全部连接螺栓均匀上紧，并进行复查校核一切无误之后即可打定位销以便今后的维修。

2. 活塞组件的装配

活塞组件的装配包括活塞与活塞杆的组装、活塞环与活塞的组装以及活塞组件的回装。其装配质量的好坏将直接影响压缩机的性能，因此装配时需预试、预装、校验等反复进行，对不符合要求的零部件还要进行再修理或更换，直到合格为止。

（1）活塞与活塞杆的组装　若采用锥面连接，则应仔细研合活塞与活塞杆的配合面，以确保配合面接触均匀。若采用圆柱凸肩连接，凸肩与活塞结合端面应研配。当达到技术要求后，将活塞杆穿入活塞孔，拧紧活塞螺母，并采取防松锁紧装置，活塞螺母也应与活塞端面均匀接触。活塞杆与活塞装配后，应检查活塞杆中心线与活塞端面的垂直度偏差及活塞杆中心线与活塞中心线的同轴度偏差。检查时，把组装好的活塞和活塞杆放在车床上，借助千分表检查或放置在钳工平台上用千分表、标准角度尺检查，如图2-77所示。

（2）活塞环与活塞组装　活塞环的组装参考活塞环的拆卸，活塞环在装配前应再次检测活塞环两端平面的平行度及平面度偏差，检测活塞环的自由开口间隙，放入气缸检测活塞环与气缸贴合情况及开口间隙，置于活塞环槽中检测活塞环与活塞环槽的配合间隙、径向间隙及活塞环的沉入深度等技术指标，均应符合技术要求。

将检验合格的活塞环装入活塞环槽内。活塞环回装时应注意邻环切口错开，所有环的切口位置均不要对准气缸进、排气阀孔和注油孔。

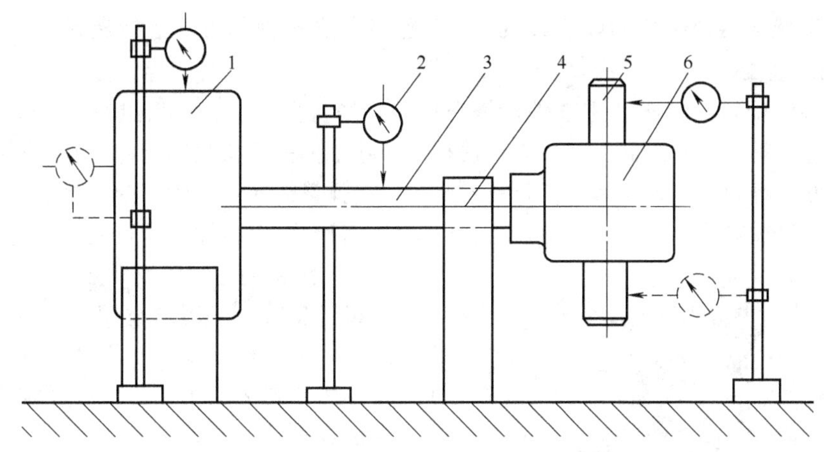

图 2-77　组合件的垂直度、平行度和同轴度检测

1—活塞；2—千分表；3—活塞杆；4—V 形铁；5—十字头检验轴；6—十字头

（3）活塞的回装　活塞装配好后，在活塞上及气缸内涂上气缸油，便可把活塞组装到气缸内。活塞回装前，应先在组合件合适位置绑好钢丝绳，将活塞呈水平状态吊起，借助锥形导向套装入气缸内。也可用一直径为 2～3mm 钢丝绳，一头拴于气缸螺栓上，在活塞环上绕一圈，另一头用人力拉紧，使活塞环压入活塞环槽内，在活塞上端稍向下加力，将活塞组件推入气缸。方法选择：对于小直径的活塞，可用铁皮夹具使活塞环收拢后进入气缸，如图 2-78（b）所示；也可用细铁丝把活塞环紧箍在环槽内，待装进去后再从阀门孔里将细铁丝松脱取出。对于中直径的活塞可用专做的锥孔滑套放在气缸端口，使活塞环逐步收拢装入气缸，如图 2-78（c）所示。对于大直径活塞可用 3～4 个斜铁夹具安在气缸端口的螺栓上，使活塞环逐步收拢进入气缸，如图 2-78（a）所示。斜铁夹具的作用与锥孔滑套一样，只是节省了材料和加工量。

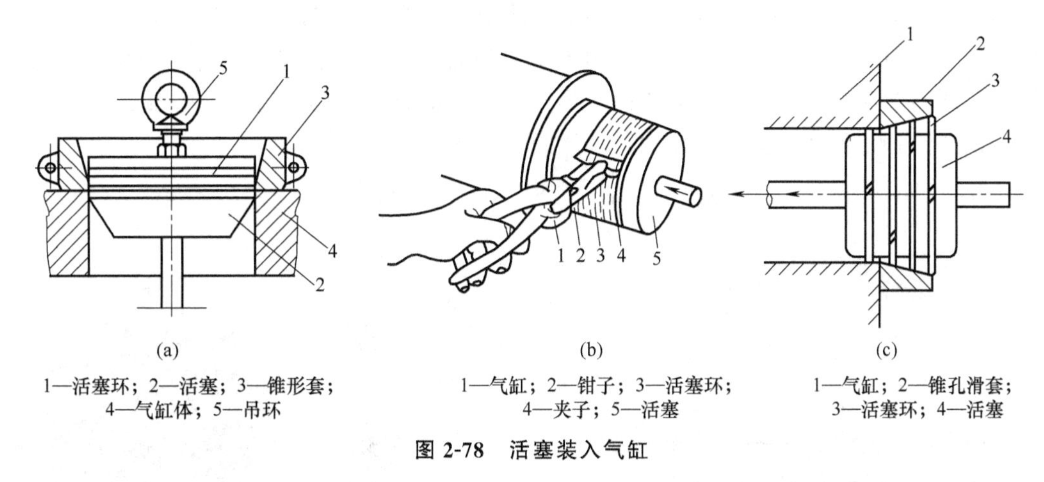

(a) 1—活塞环；2—活塞；3—锥形套；4—气缸体；5—吊环

(b) 1—气缸；2—钳子；3—活塞环；4—夹子；5—活塞

(c) 1—气缸；2—锥孔滑套；3—活塞环；4—活塞

图 2-78　活塞装入气缸

回装时应在环槽中浇入少量气缸油，装入活塞时不得敲击活塞，以免碰伤活塞或折断活塞环，损伤气缸镜面。

回装后，检查活塞与气缸的径向间隙应符合技术要求。

将活塞杆与十字头体相连，并用防松装置锁紧。在气缸端面上涂以薄薄一层液态密封胶，装好垫片，吊装气缸盖，紧固缸盖螺母。螺母紧固时应按要求均匀、对称地拧紧。

活塞回装后，还应再次测量各级气缸的余隙。若气缸余隙不符合技术要求时，可用减小十字头与活塞杆连接处垫片的厚度或机加工气缸的结合平面的方法进行调整。

3. 气阀的装配

（1）气阀的检查　气阀各零部件检修合格后，经认真清洗，而后进行以下检查。

将阀片放在阀座的密封面上，用着色法检查其接触面是否紧密贴合；放在升程限制器上检查其与升程限制器的径向间隙是否符合技术要求；将弹簧放入弹簧座孔内，检查在压紧各阀片与阀座（或升程限制器）贴合后，弹簧是否比槽低。符合要求后即可进行组装。拧紧连接螺栓螺母，并用防松装置锁紧或铆死，如图 2-79 所示。

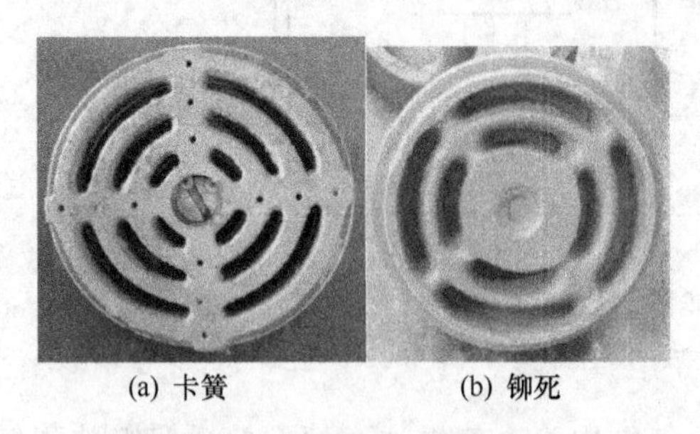

(a) 卡簧　(b) 铆死

图 2-79　气阀螺栓的固定

气阀组装后，可用螺丝刀检查阀片的开启及起跳量是否符合规定要求，并用煤油进行气密性试验，方法如图 2-80 所示。将升程限制器朝下吊起，以便观察。

将煤油注入气阀气体通道内，在 5min 内允许有不连续的油滴渗漏，但其数值不得超过相关的规定。

（2）气阀的安装　气阀组合件向气缸或气缸盖上阀腔内安装的步骤为：第一步，将阀组件套上密封垫圈，对准气缸上的阀孔座口平整地装入，密封垫圈多数是紫铜制成的，可用喷灯或焊枪将垫圈加热到 550～600℃退火，使其软化，可达到更好的密封效果；第二步，装入阀组件的压筒；第三步，扣上阀盖，在此之前，应将阀盖密封圈正确地放入并将阀组压筒的顶丝预先松开；第四步，对角匀称地拧紧阀盖螺栓的螺母，然后再拧紧压筒顶丝。压筒顶丝的螺母下也应置入密封垫圈，以防止气体漏出，因为顶丝孔是和气缸阀腔连通的。如果安装步骤不对，会发生在顶丝未松退出来的情况下拧紧阀盖螺母，造成阀盖受力过度或不均匀而破裂的事故，尤其是铸铁阀盖更应注意这一点。

（3）吸、排气阀的区分　在气阀组件装上气缸时，要特别注意进、排气阀的安装位置，不要弄反。如将进、排气阀的位置互相装反，将会使压缩机的气体分配发生混乱，造成生产率降低和一系列机件损坏事故。要在气阀的非工作面上做出标志记号，将气阀装入气缸前，用螺丝刀顶动阀片试验几次，气缸的进、排气口是否正确。如是进气阀，则螺丝刀应从阀的外侧能顶开阀片，若从外侧顶不开就是排气阀。如图 2-81 所示。

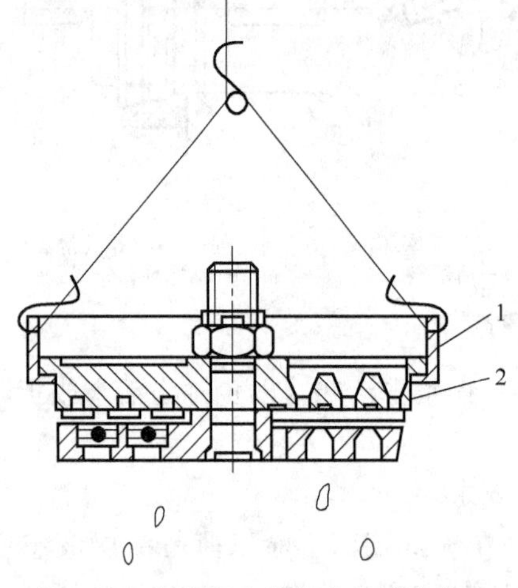

图 2-80　气阀组合件气密性试验方法

1—吊盘；2—气阀组合件

图 2-81　吸、排气阀区分

（五）气缸余隙调整

活塞、活塞杆、十字头组装后，可将气缸盖装上并按正常要求上紧螺栓，然后进行气缸余隙的检查调整。各缸的余隙大小按设计要求或参考以下标准。

（1）气缸余隙容积。一般情况下，所留压缩机气缸的余隙容积约为气缸工作部分体积的3%～8%，面对压力较高，直径较小的压缩机气缸，所留的余隙容积通常为5%～12%。

（2）对于一列两级的串联气缸余隙值的控制，应考虑两级热膨胀伸长的累计值影响，一般二级缸（外侧）的余隙值比一级的稍大。

气缸余隙的测定方法之一是采用压铅法，铅条最好采用圆形截面或矩形截面的条子，直径一般为余隙的1.5～2倍。测定时，铅条均由气阀孔处人工伸入。对于小直径的气缸余隙测定一般测单边即可，对于直径较大的气缸，一般要求在两侧同时测定，这样所得值较准确。测定方法之二是以测量气缸长度与活塞运动长度之差的1/2为余隙，当测得余隙值不合适时，可以调整活塞杆头部与十字头连接处的调整垫片的厚度，也可调整十字头与活塞杆连接处的双螺母或气缸盖垫片厚度等进行处理。

（六）附属设备的装配

（1）冷却器、缓冲器及油水分离器的装配检查　冷却器、缓冲器及油水分离器内部有无杂物及遗忘的工、器具等；检查进、出管路是否通畅；并对容器进行水压试验和气密性试验。合格后，即可将冷却器、缓冲器及油水分离器就位，并与管路相连。

（2）润滑系统的装配　装配前要彻底清洗油过滤器、油冷却器、油箱和油管，油管还要用压缩空气吹净，油管不允许有急弯、折扭或压扁现象，油路配置与布局应合理、整齐。装配时，油管接头要拧紧，以防止漏油。装配应注意调整各部分之间的间隙。润滑系统安装完毕后，应进行气密性试验和强度试验。气密性试验压力为操作压力；循环系统强度试验压力为1.5倍操作压力，气缸填料函系统强度试验压力为压缩机末级工作压力的1.5倍。

压缩机的其他附属设备，如仪表、安全阀、温度计等的安装，可参阅各往复式压缩机的安装说明书，这里不再介绍。

二、活塞式压缩机的试车运行

（一）试运转的目的

机组安装或检修完毕后进行试运转，其主要目的是：检验和调整机组各部分的运动机构，达到良好的跑合；检验和调整电气、仪表自动控制系统及其附属装置的正确性和灵敏性；检验机组的润滑系统、冷却系统、工艺管路系统及其附属设备的严密性，并进行吹扫；检验机组的振动和噪声，并对机组所有的机械设备、电气和仪表等装置及其工艺管路的设计、制造和安装调试等方面的质量进行全面的考核。

（二）试运转的关键步骤

1. 油系统的清洗与试运转

压缩机试运转前，油系统首先应进行彻底清洗，当室温低于5℃时，应将润滑油加热至油温达到30～35℃。

启动油泵、循环润滑油系统，同时进行压缩机盘车，检查调整各供油点的油流量，使油压、油流量、各联锁系统符合设备技术文件的规定。

2. 气缸与填料油系统的试运转

启动注油器，从检视罩检查每个注油点的滴油情况应符合设备技术文件的规定，同时压缩机盘车应不少于5min。

3. 冷却水系统试运转

打开供水主管阀门和机组供水总阀门，逐渐加压到试验压力，然后检查水系统管路各试压部位有无泄漏之处，并消除缺陷和滴漏。

4. 空负荷试运转

拆下各级进、排气阀，电动机在开车前，先用手盘动4～5转。第一次瞬间启动电动机并立即停车，检查各部位有无故障和碰击声，电动机转向是否正确。然后再第二次启动电动机运转5～10min达到额定转速时，立即停止运转，检查压缩机各部的声响、发热及振动情况。如无异常现象后，再依次运转30min和12h。

空负荷运转时，特别要观察油压表灵敏与否及向各输油点如主轴承、连杆轴瓦、十字头等处的输油情况。空负荷试运转中每隔半小时填写一次压缩机运行的操作和故障处理记录。空负荷试运中应达到的指标，循环油系统油压应符合设备技术文件的规定值，试运转过程中应无异常声响。

试运转过程中如发现下述情况，则应立即紧急停车。

(1) 循环油系统压力降低，自动联锁装置动作并自动停车，如果自动联锁装置不起作用，必须立即用人工方法使压缩机停车。

(2) 油循环系统发生故障，润滑油中断。

(3) 气缸和填料函润滑油供应中断，油泵发生故障。

(4) 冷却水供应中断。

(5) 填料过热烧坏。

(6) 轴承温度过高，且继续上升。

(7) 机械传动部件或气缸内出现剧烈敲击、碰撞声响。

(8) 电动机冒火花，异音，线圈温度过高。

(9) 当压缩机内发生能形成事故的任何损坏时。

空负荷试运转连续4h后，压缩机按正常停车步骤停车，其主要步骤是按电气规程停电动机，当主轴完全停止运动5min后，再停油润滑系统，关闭冷却水进口阀门。

5. 负荷试运转

首次用空气带负荷试运转是在空负荷试运转和吹洗工作完成后进行的，启动压缩机先空负荷运转30～60min，一切正常后，逐渐关闭放空阀或油水吹除阀进行升压运转，一般试车用空气为介质时，最终压力不宜大于25MPa。再高压力的试车应考虑用氮气作为介质。在操作压力下连续运转应达4～8h。

6. 连续试车

在上述试车认可后，应进行不少于48h的连续运转（在额定压力下），每隔1h记录一次压力、温度、电流和电压等，不允许超过允许值，同时机器要运转平稳可靠。

7. 气量调节试验

在有气量调节装置的机器上，应对调节装置进行试验和调整，测定其调节性能。

8. 拆卸检查

机组负荷试车后，拆开各部检查磨合情况，紧固件是否松动，拆开气阀进行清洗，检查气缸镜面的磨损，检查电动机各部，复测气缸及曲轴的水平，消除试车中发现的各种缺陷。拆查后应再行试车，过程同上，并在负荷下运转6～8h。

9. 工艺气体的置换

某些工艺气体与空气混合后是有爆炸危险的，因此，如果压缩机的气缸、管线和附属设备吸入了空气，有必要用惰性气体（如氮气）来把空气驱除出去，即吹扫压缩机，只有在此以后才能接入工作气体。用惰性气体吹扫压缩机必须在压缩机空运转时进行。在吹扫以后，用工作气体将惰性气体吹除出去，然后压缩机就可以逐步的增加负荷了，吹除的持续时间决定于压缩机输出气体的成分分析。

【任务实施】

一、工具和设备的准备

（1）活塞式压缩机装置。

（2）常用的拆卸工具、测量工具、钳工工具等。

（3）垫铁的准备。

二、任务实施步骤

（1）阅读图纸。了解待安装的压缩机的结构。

（2）制定压缩机安装的施工方案。

（3）制定压缩机工作机构、运动机构及附属设备的安装质量标准。

（4）制定压缩机试车的内容和步骤，试车验收标准的说明资料。

【知识拓展】

机组设备工艺管道的清洗吹扫

压缩机运行前应彻底清扫工艺系统管道，管内不得有焊渣、飞溅物、氧化皮和其他机械杂质。

1. 管线吹除的目的

压缩机组管线是比较庞杂的。在其装配过程中，难免有灰尘、焊渣等杂物留在管内。这些杂物如不清除，在负荷试车时就可能被带入阀室、气缸，从而使阀片、气缸和某些运动部件遭到破坏。所以在负荷试车前要进行管线吹除工作，除掉管线内的异物，保证负荷试车的顺利进行。管线吹除是负荷试车的一个很重要的准备工作，一定要做得认真仔细。

吹除的范围一般包括压缩机系统各级管道，管系附属设备。总之，凡是压缩气体经过的通道都要进行吹除。

吹除用的气体由本压缩机自己供给，也可由别的压缩机供给。吹除压力不需太高，各级压力视具体情况而定。高压级的吹除压力一般不超过 3×10^5 Pa。

在吹除过程中要不断用手锤敲击管道和焊缝处，使一些用气体短期内吹不掉的脏物，由敲击管道剥离，以便让气体把脏物带走。

2. 管道吹除的准备工作

在吹除工作进行前先将压缩机机组、各附属设备和管线周围环境清理干净，并给地面洒上适量的水，以防止在吹除过程中因排出气体使尘土飞扬而影响工作。同时做如下准备工作。

（1）拆下各级缓冲器、油水分离器及各级中冷器的排油阀和集油器管接头以及安全阀和压力表。

（2）拆下某些级上出口管线上的止回阀阀芯。

（3）先将一级进口管和管前设置的管线吹除干净，并在一级进口法兰处装上铁丝网。

3. 管线吹除的方法与步骤

第一级吹除：清理和装上一级进、排气阀，拆下二级进口管法兰，并将其撬开，二级气缸上的法兰要装上盲板，然后启动压缩机，用一级近路阀控制压力，逐条管道进行吹除，同样也要用手锤敲打管道和焊缝，以免焊渣等杂物留在管内，吹除要分节进行，如先吹除一级出口至进缓冲器这节管子，排出气体放空，第一级吹除直至从二级进口管出来的气体干净为止。

第二级吹除：装上一级安全阀、压力表和所有中间设备，关闭一级排油阀，接上二级进口管，装上二级进、排气阀，拆下三级进口管并撬开，三级气缸进口法兰压上盲板，启动压缩机，用二级近路阀和放空阀调节压力，和第一级吹除一样逐节将二、三级间的管道吹除合格。

各级吹除：以后各级的吹除可按上边一、二级吹除步骤进行，一定要使前一级吹除干净方能进行下一级的吹除，吹除用过的脏空气严禁经过气缸，而且第一级进口前管线及设备一定要在吹除工作之前先设法清除干净，并应在整个吹除过程中给一级进口管上装一个滤网，在每一级吹除中要经常检查滤网并保持清洁。

吹除时间视各压缩机的级数和具体情况而定。总之，要吹除到最末级排出干净气体为止。

在吹除过程中，同时进行管线的安装工作。吹除结束，管线就基本安装好了。

任务七　活塞式压缩机的运行与维护

【任务描述】

熟悉压缩机排气量调节的目的，不同调节安置的特点。熟悉压缩机的润滑系统、冷却系统及附属设备的结构特点和工作原理。熟悉日常巡检的内容和流程。

【任务分析】

任务的完成：了解活塞式压缩机排气量调节的方法和装置，了解装置中压缩机润滑、冷却等附属设备的结构，压缩机日常维护的内容和紧急停车的条件。

【相关知识】

一、活塞式压缩机的调节

（一）变工况工作

压缩机在偏离原设计的条件下工作时，其热力性能与原设计不同，称为变工况工作。

（1）吸气压力改变　在高原上工作的压缩机，由于当地大气压力低而使压缩机吸气压力降低，若排气压力不变时，对单级压缩机，将导致压力比升高，容积系数降低，排气量将随之而有所减少。在多级压缩机中将引起级间压力比改变，且由于总压力比升高，排气量也会有所下降。指示功率的变化则由压力比变化的大小而定。

（2）排气压力改变　当使用中需要提高排气压力而吸气压力不变时，往往会因为压力比的提高而使吸气量略有减少，其功率多半是有所增加的。

（3）被压缩介质或工艺混合气成分的改变　气体密度大时，则气体的流动阻力损失大，功耗就增加，如氢气压缩机用空气试车时所需功率就比用氢气时大，需注意防止电动机过载。

(4) 压缩机转速的改变 在一定范围内增加转速，排气量会相应增加，但会影响到气阀的寿命，所以提高转速要综合考虑，而且还要对有关通流部件进行改造。

(二) 排气量调节的要求

用气单位常常因为生产条件的改变而要求压缩机的排气量在一定的范围内调节，通常，用户总按最大的需要量来选用压缩机，因此排气量的调节，一般是指调节到低于额定的气量。对调节的要求如下。

(1) 希望压缩机排气量在所需调节范围内连续改变，使排气量随时和耗气量相等，即连续调节。事实上不是任何条件下都能实现连续调节的，当不能连续调节时可采用分级调节，例如把排气量分成100%、75%、50%、25%、0%五级。最简单的情况下压缩机只有排气和不排气两种工作状况，称为间断调节。

(2) 调节工况经济性好，即调节时单位排气量功耗要小。

(3) 调节系统结构简单，安全可靠，并且操作维修方便。

(三) 排气量调节的方式

排气时的调节方法很多，下面介绍几种常见的调节方法。

1. 转速调节

转速调节分连续的和间断的两种方式。

(1) 连续的转速调节 内燃机和蒸汽机驱动的压缩机，因为原动机的转速是可以连续改变的，所以可比较方便地实现连续的排气量调节。这种调节的优点除气量连续外，还有调节工况功率消耗小，压缩机各级压力比保持不变，压缩机上不需设专门的调节机构等；缺点是受原动机本身性能的限制，如内燃机只能在60%～100%的转速范围内变化，再低需采取其他措施，且低于额定转速时，发动机经济性降低，此外转速低时因为压缩机进气速度降低，压缩机气阀工作便可能出现不正常。

(2) 间断的停车调节 当使用交流电动机等不变转速原动机驱动时，可采取压缩机暂时停止运行的办法来调节排气量。这种调节的优点是压缩机停止工作便不消耗动力，压缩机本身也不需要设置专门的调节机构；缺点是频繁的启动、停机，会增加零件的磨损，启动时消耗的电能比一般运行状态大，要求启动设备简单，操作方便，启动时间短，要求有较大的储气罐，以便储存较多的气体，借以减少启动次数。由于存在上述缺点，所以这种方法一般只用于微型压缩机，或者极少进行调节的场合。

2. 管路调节

在管路方面增加适当的机构来进行排气量调节，而压缩机本身结构并无改变。

(1) 进气节流 在压缩机进气管路上装有节流阀，调节时节流阀逐渐关闭，使进气得到节流，压力降低，由此使排气量减少，因为节流进气可使进气压力连续变化，故可得到连续的排气量调节。进气节流手动调节时结构简单，常被用于不频繁调节大、中型压缩机装置中。

(2) 切断进气 这种调节利用阀门关闭进气管路，使排气量为零，属于间断调节。切断进气后压缩机为空运行，此时的功率消耗约为额定功率的2%～3%，切断进气后使末级压力比增加，调节过程中能使排气温度出现短暂的升高，由于压力比的改变，末级若为双作用气缸，则活塞力也会发生很大的变化，由于气缸中出现真空度，故对一些不允许和空气混合

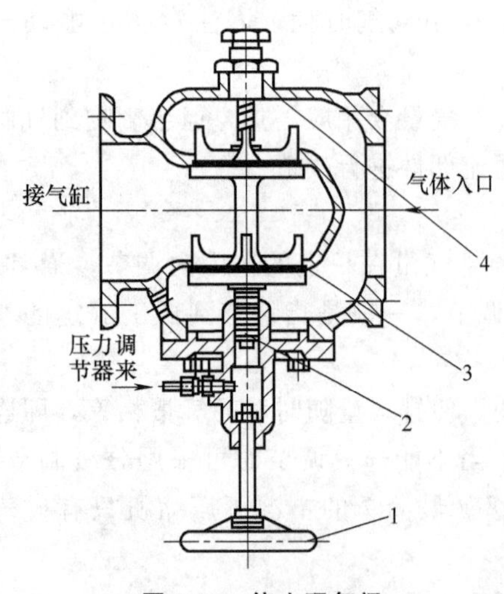

图 2-82 停止吸气阀
1—手轮；2—小活塞；3—阀板；4—阀体

的气体压缩机，不宜采用此方法进行调节，此外，真空度能使曲轴箱中的油雾沿活塞杆（双作用式）或活塞（单作用式）窜向气缸。由于进气管路上装切断阀，增加进气过程的阻力损失。这种调节机构很简单，一般动力用的空气压缩机常用此调节方法，如图 2-82 所示。

（3）吸排气连通（又称旁路调节） 将已经排出的气体用旁路管线全部或部分引回一级入口，可达到连续调节的目的。这种方法简单易行，但会白白消耗功率，不经济，常用来作为压缩机空载启动用的辅助手段。

3. 顶开吸气阀

此法是在全部或部分的排气行程中强制顶开吸气阀，使被吸入缸内的气体又重回到吸气管而达到调节的目的。分为完全顶开吸气阀和部分行程顶开吸气阀装置。顶开吸气阀的方法结构较简单，其调节功率主要消耗于气流通过气阀的阻力损失，因而也较经济，但有损阀片的寿命，故适用于转速不高的情况。

（1）完全顶开吸气阀 调节时，在全部行程中吸气阀始终处于强制压开状态，吸进的气体将全部从吸气阀排出，故排气量为零，属间断调节。图 2-83 所示为活塞式伺服器压叉结构，调节时，通过调节器来的高压气体进入伺服器，推动小活塞克服弹簧力，使压叉压开阀片，当恢复正常工作时，由调节器将伺服器与大气接通，小活塞升起，压叉脱离阀片，这种结构小活塞经常会泄漏气体。还有一种隔膜式伺服器可克服此缺点。除了将活塞更换成膜片外，这种伺服器往往装在气缸的外面，故检查和修理比较方便，对于高压级进气腔小时也能适用。

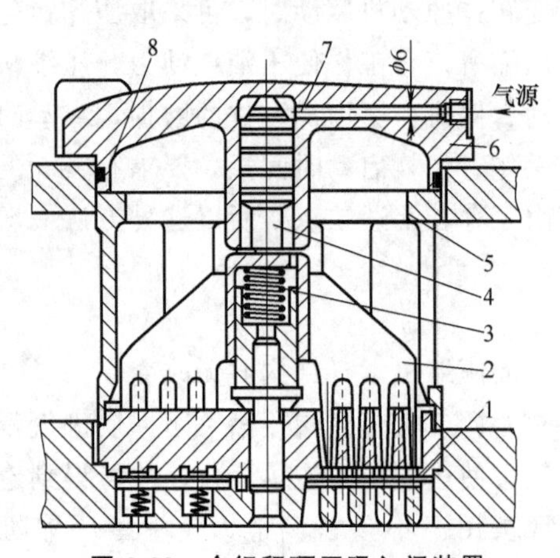

图 2-83 全行程顶开吸入阀装置
1—阀座；2—压叉；3—弹簧；4—小活塞；5—压罩；6—气阀压盖；7—密封槽；8—密封圈

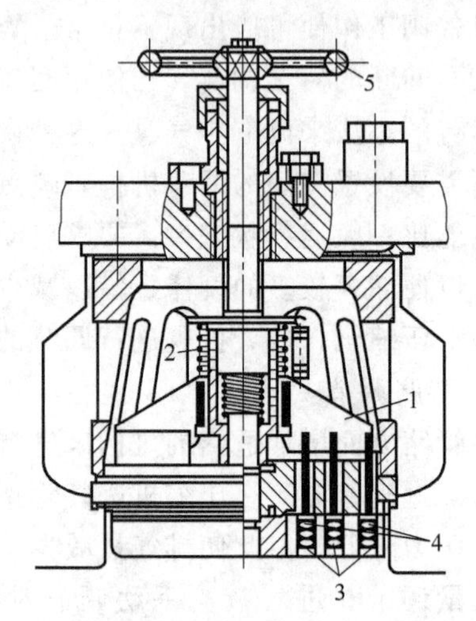

图 2-84 部分行程顶开吸入阀装置
1—顶开压叉；2—弹簧；3—阀片弹簧；4—阀片；5—手柄

（2）部分行程顶开吸气阀 当进气结束时，气阀仍被强制顶开，在进入压缩行程后气体从气缸中回到进气管，但到一定时候强制作用取消，进气阀关闭，在剩余的行程中气体受到压缩并排出，利用进气阀在压缩行程中压开时间的长短，可以得到连续的调节，这种调节方法也较经济，如图 2-84 所示。

4. 连通补助余隙容积

如图 2-85 所示，在气缸上连通一个补助容积作为附加的余隙容积，相对余隙容积增大，就使得容积系数下降，吸气量减小，从而达到调节气量的目的。补助容积有不变容积与可变容积两种，前者只能调节到一个固定值，后者可以分级调节。这种调节方法较经济，也不影响阀片的寿命，但结构比较笨重，常用于大型工艺用压缩机。

图 2-85（a）所示为接通补助容积的阀，它是由气体压力操作的。在正常情况下，钟罩形的阀门 1 因其顶部的活塞上作用有高压气体，故呈关闭状态。调节时，伺服缸 4 中的高压气体接通大气，压力消失，阀门便在气缸中气体力作用下升起，并且一旦升起，有压气体便进入补助容积，能推动钟罩上部的活塞迅速上升；小孔 3 是为使气体进入钟罩内腔，以免关闭时形成真空度。若高压气体再次进入伺服缸，则钟罩关下，压缩机恢复正常。图 2-85（b）所示为固定容积补充余隙调节器，图 2-85（c）所示为可变容积补充余隙调节器。

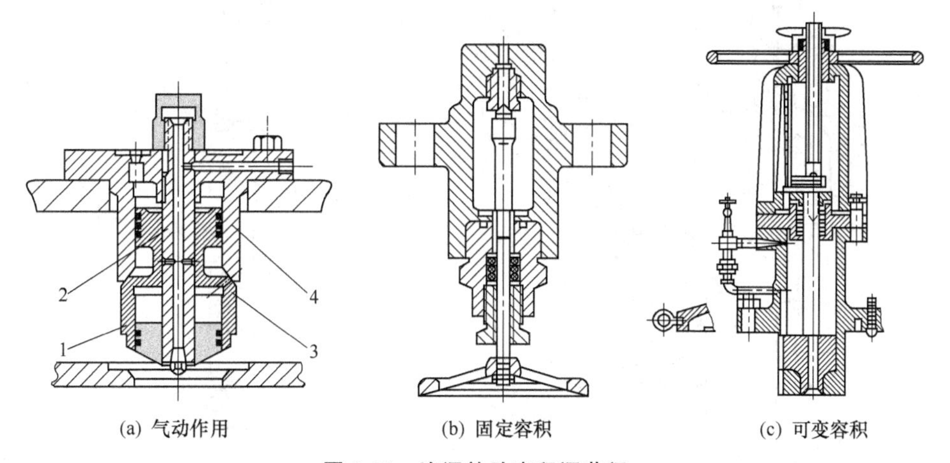

(a) 气动作用　　(b) 固定容积　　(c) 可变容积

图 2-85　连通补助容积调节阀

1—钟罩形阀；2—心轴；3—通气孔；4—伺服缸

对多级压缩机，当总的吸气、排气压力不变时，若只是第一级接入补助余隙容积，总吸气量下降，而二、三级气缸容积并未改变，忽略泄漏的影响，根据连续稳定流动的原则，二、三级的吸入压力将降低，而总的排气压力不变，则末级压力比必然升高，可见末级压力比将随着调节气量的降低而增大，当调节范围很大时，其影响就很大。为防止末级压力比过高，可在各级均设置调节机构，其中第一级是为调节排气量用，而其余各级主要起调节压力比的作用。

二、活塞式压缩机的润滑

活塞式压缩机要求在所有做相对运动的表面上注入润滑油，形成油膜，以减少磨损，冷却摩擦面，防止温度过高和运动件卡住，同时还起到油膜密封的作用。

根据压缩机结构特点的不同，大致分为以下两种润滑方式。

（一）飞溅润滑

一般用于小型无十字头单作用压缩机。曲轴旋转时，装在连杆上的打油杆将曲轴箱中的润滑油击打形成飞溅，形成的油滴或油雾直接落到气缸镜面上。也可用于有十字头的压缩机中，图 2-86 所示为最简单的一种飞溅润滑系统，润滑油依靠连杆大头上装设的勺或棒，在曲轴旋转时打击曲轴箱中的润滑油，因此使油溅起并飞至那些需要润滑之处。润滑油经过连

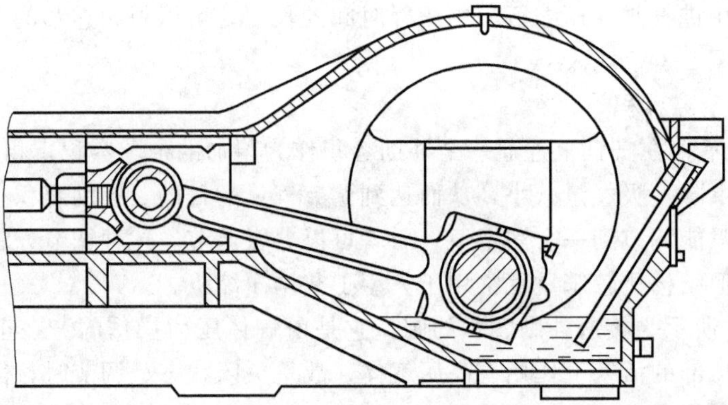

图 2-86　飞溅润滑系统

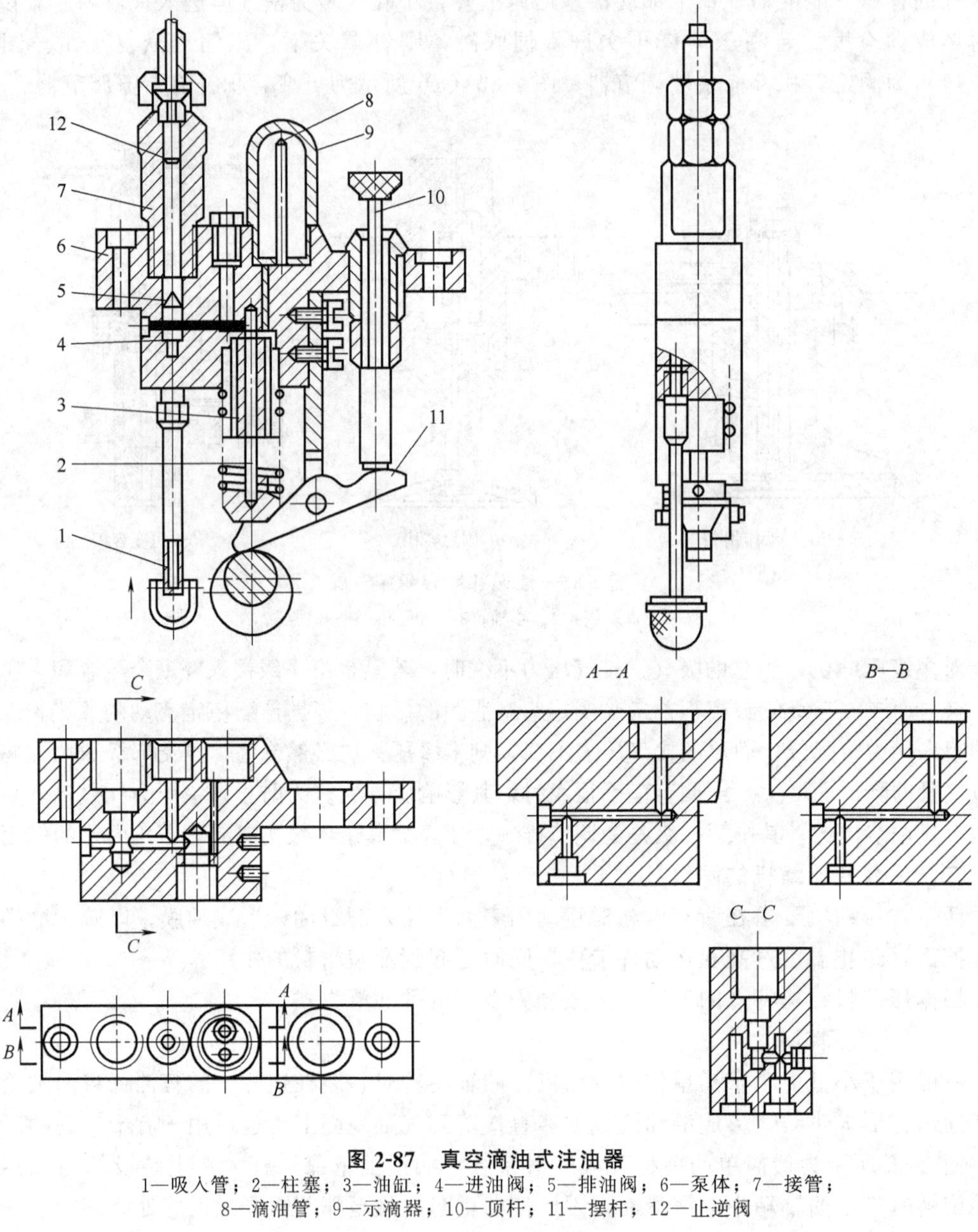

图 2-87　真空滴油式注油器
1—吸入管；2—柱塞；3—油缸；4—进油阀；5—排油阀；6—泵体；7—接管；
8—滴油管；9—示滴器；10—顶杆；11—摆杆；12—止逆阀

杆大、小头特设的导油孔，将油导至摩擦表面。

飞溅润滑的优点是简单，缺点是润滑油耗量大，润滑油未经过滤，运动件磨损大，散热不够，气缸和运动机构只能采用同一种润滑油。

使用飞溅润滑的压缩机，运行一段时间后油面降低，溅起的油便减少，油面过低会造成润滑不足，故应有保证润滑的最低油面，低于此面便要加油。

（二）压力润滑

压力润滑就是通过注油器加压后，强制地将润滑油注入到各润滑点进行润滑，常用于大、中型有十字头的压缩机。一般为两个独立的润滑系统，即气缸和填料函润滑系统和传动部件润滑系统。

1. 气缸和填料函润滑系统

它由专门的注油器供给压力油，图 2-87 所示为真空滴油式注油器，该注油器实际上是一组往复式柱塞泵，每个小油泵负责一个润滑点。

柱塞 2 由偏心轮经摆杆 11 带动，当柱塞下行时，油缸内形成真空，润滑油通过吸入管 1 吸入，经示滴器 9 中的滴油管 8 滴出，通过进油阀 4 进入油缸 3，当柱塞上行时，润滑油即通过排油阀 5 经接管 7 输送至润滑点。旋转顶杆 10 的外套，可以调节柱塞的行程，借以调节油量。在压缩机启动前，可用手按顶杆或转动手柄，先将油注入气缸后再启动机器。这种注油器由单独的电动机通过减速器驱动，每一注油点由单独的油管供油，一般每分钟注油 7～15 滴，注油点的接管处均设有止逆阀（见图 2-88），以防油管破裂时发生气体倒流事故。

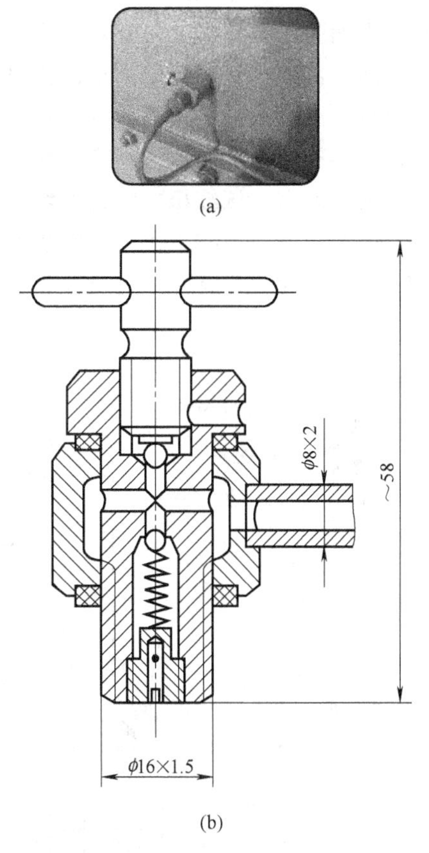

图 2-88　注油止逆阀

气缸与填料处注入的油量必须适当。过少达不到润滑目的；过多会使气体带油过多，结焦后加快磨损并影响气阀及时启闭，影响气体冷却效果，在空压机中，有时会导致爆炸。

2. 传动部件润滑系统

它依靠齿轮泵或转子泵将润滑油输至摩擦面，油路是循环的，循环油路上设有油冷却器和油过滤器。

润滑油路有以下几种类型。

A 型油路：油泵→曲轴中心孔→连杆大头→连杆小头→十字头滑道→回入油箱（主轴承靠飞溅润滑）。

B 型油路：油泵→机身主轴承→连杆大头→连杆小头→十字头滑道→回入油箱。

C 型电路 $\begin{cases} \text{→十字头上滑板→十字头下滑板→回入油箱。} \\ \text{→机身主轴承→连杆大头→连杆小头→十字头销→回入油箱。} \end{cases}$

A 型油路可以在机身内不设置任何管路，多用于单拐或双拐曲轴的压缩机。B 型油路在机身内部必须设置总油管，由分油管输至各主轴承，由主轴承再送至相邻曲拐连杆大头处，此种给油方式适用于多列压缩机。C 型油路与 B 型油路类似，其特点是考虑到润滑油经过的部位过多，由于各部分间隙的泄漏，可能保证不了油送至十字头滑板处，因而在总管处单独给十字头滑板设置分油路，但应注意在十字头滑道上、下滑板注油孔处，应设置调节阀，以控制油量。

根据油泵的传动方式可分为内传动和外传动两种。内传动的油泵由主轴直接带动，多用于中、小型压缩机；外传动的油泵单独由电动机驱动，多用于大型压缩机。

（三）润滑油的选择

1. 气缸部分润滑油的选用

对润滑油的基本要求是，在操作温度下有足够的黏度，以保持一定的油膜强度；在操作条件下有良好的氧化安定性，不与被压缩气体发生化学反应；有较好的水溶性；闪点较排气温度高 20～30℃。

2. 运动机构润滑油的选用

无十字头压缩机运动机构用润滑油与气缸油相同。有十字头压缩机运动机构的润滑除了对润滑油的性质有要求以外，还应有一定的油量。

运动机构相互摩擦表面处的温度一般低于 70℃，且又不直接与压缩介质接触，所以运动机构的润滑通常采用机械油。运动机构的润滑油是循环使用的，在循环系统中使用的润滑油通常半年更换一次，或黏度变化超过原黏度的 2%、酸值达 0.6mg/g 以上即要更换。

三、活塞式压缩机的辅助系统

一台完整的压缩机机组的辅机部分主要指气路系统、冷却系统和润滑系统中的装置。图 2-89 所示为化工厂常用的对称平衡型活塞式压缩机气路、冷却系统。

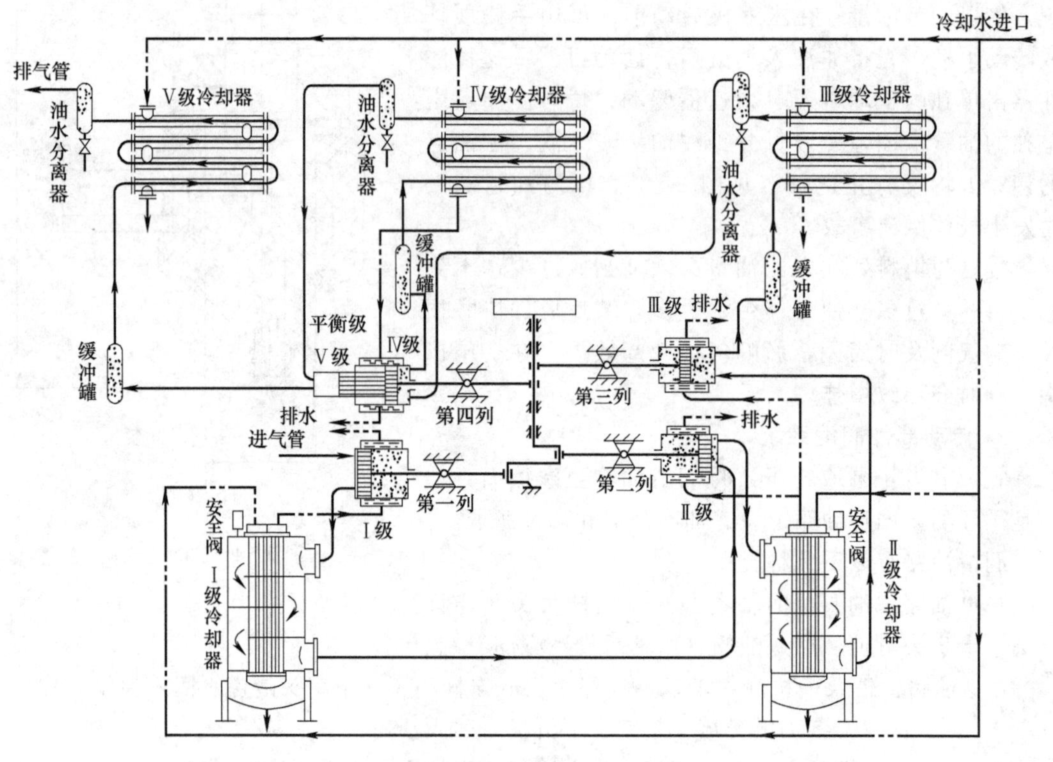

图 2-89 对称平衡型压缩机气路、冷却系统

1. 缓冲器

由于压缩机工作的运转特性，决定它所排气体必然产生脉动现象，缓冲器即起到稳定气

流的作用，它实际上是一个气体储罐，如图 2-90 所示。缓冲器具有一定的缓冲容积，气体通过它以后，气流速度比较均匀，从而减少了压缩机的功率消耗和振动现象。同时由于气流速度在缓冲器内突然降低和惯性作用，部分油水被分离出来，所以缓冲器也起一定的油水分离作用。

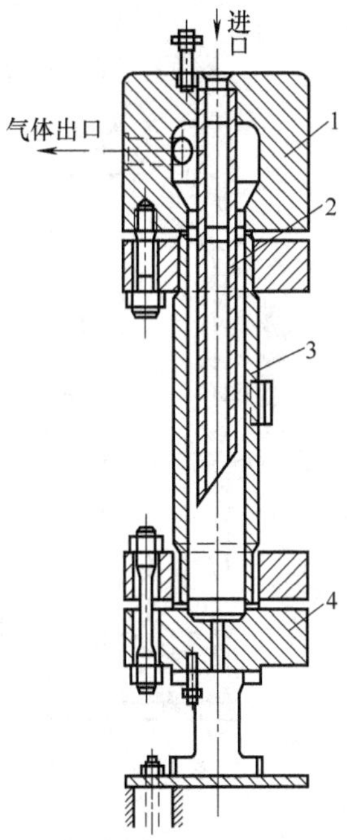

气体通过缓冲器后的稳定程度取决于缓冲容积的大小及压缩机气缸的工作特点。缓冲容积大小与连接导管的长度、截面积、压缩机的转速、气流脉动的频率、所需压力不均匀度及导管中气体的声速有关。

缓冲器的结构有圆筒形和球形，分别用于低压和高压情况，也有在缓冲器内加装芯子进一步构成声学滤波器。

缓冲器最好不使用中间管道而直接配置在气缸上，如果不能这样，则连接管道的面积应比气缸接管的面积大 50%左右。管道应保证气体平稳流动，转折处取较大的弯曲半径。气缸至缓冲器间的管段长度应限制在基频波长的 8%以内，以避免该段产生气柱共振。如果一级有几个气缸时，最好共用一个缓冲器，以保证气流更均匀，且缓冲器的容积也可以较小。

图 2-90　缓冲器

1—上体；2—内管；3—中体；4—下体

2. 冷却器

气体被压缩后，其温度必然会升高。因此，在气体进入下一级压缩前必须用冷却器将气体温度冷却至接近气体吸入时的温度。在压缩机各级间对气体进行冷却的目的是，降低气体在下一级压缩时所需的功，从而减少压缩机的功耗；使气体中的水蒸气凝结出来，将其在油水分离器中分离掉；使气体压力在下一级压缩后不致过高，使压缩机保持良好的润滑。

压缩机采用的冷却器有列管式、套管式、元件式、蛇形管式、淋洒式、螺旋板式等结构。列管式、螺旋板式一般用于低压级，套管式、淋洒式用于高压级。元件式冷却器广泛应用于 L 型压缩机中。冷却器的工作原理及结构在化工设备维修中有详细介绍，这里不再叙述。

3. 油水分离器

压缩气体中的油和水蒸气经冷却后凝结成水滴和油滴，如果不分离掉而进入下一级气缸，一方面使气缸润滑不良，影响气阀工作；另一方面，降低气体的纯度，化工生产中使合成效率降低，空气压缩机和管路中油滴大面积聚积则有引起爆炸的危险。此外油水分离器还起到冷却气体和缓冲作用，因此，各级气缸均配置油水分离器。

油水分离器的作用是根据液体和气体的密度差别，利用气流速度和方向改变时的惯性作用，使液体和气体相互分离。

惯性式油水分离器如图 2-91 所示。气体从顶部进入，沿中心管向下较快地流动，由于气体的密度远小于悬浮在其中的油、水滴的密度，惯性也比油和水滴的小，因此容易改变方向。出中心管后，流速突然减慢下来，折流向上，由底部上升自出口管排出；而油、水滴因惯性大不易改变方向冲向底部，其中的油滴和水滴就被分离出来。分离出来的油从分离器底部经阀门汇集到集油器内，再送至废油回收处进行处理。

离心式油水分离器如图 2-92 所示。气体进口是切向的，根据旋风分离的原理，使油滴和水滴在离心力的作用下被甩在器壁上，沿壁流至底部。在压缩机运转过程中需定时将废油排出。

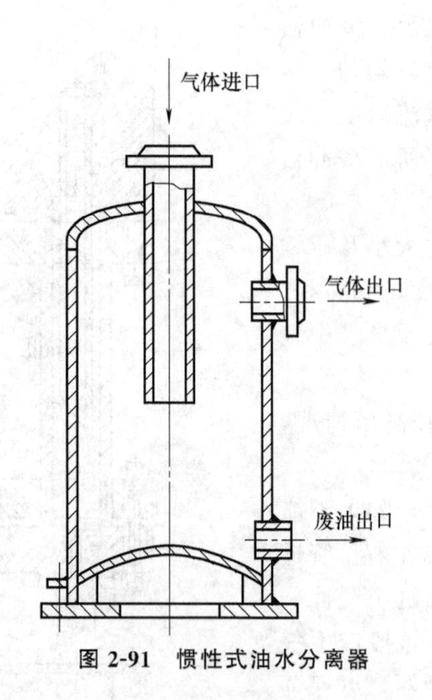

图 2-91 惯性式油水分离器

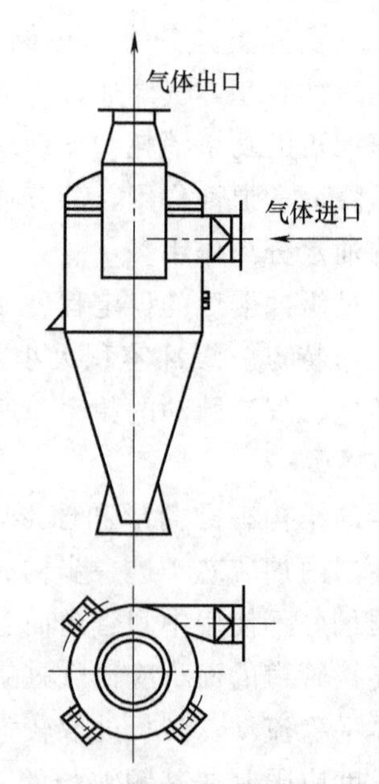

图 2-92 离心式油水分离器

图 2-93 所示的气液分离器，是靠气流转折进行分离的，气流从弯管进入，在完成了由下降转变到上升的气流转折后流出。气液的分离是依靠气流速度及方向的改变来达到的。气体在容器内向上运动的速度越低分离的效果越好，一般低压级不超过 1m/s，中压级不超过 0.5m/s，高压级不超过 0.3m/s。

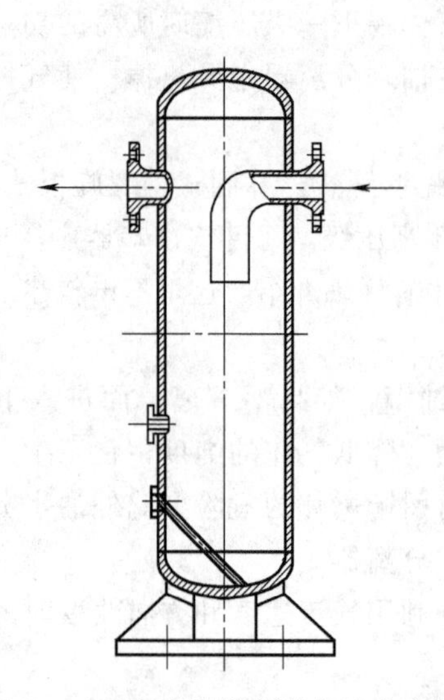
图 2-93 利用气流转折的气液分离器

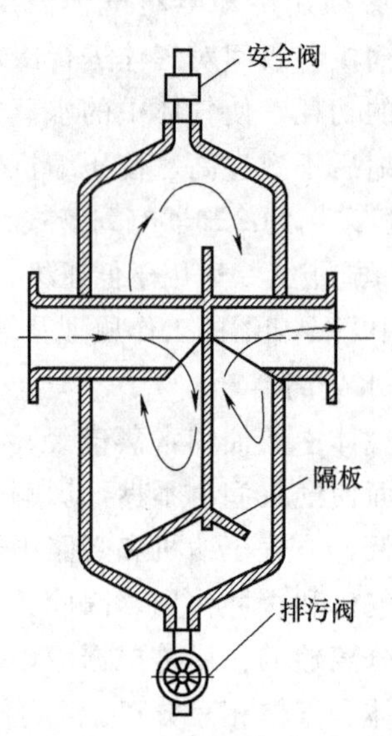

图 2-94 具有隔板的气液分离器

图 2-94 所示为气流撞击壁面使气液分离，气流进入分离器后，撞击垂直隔板，使液滴附在壁面上并沿壁面降落，聚集在容器底部后由排污管排出。气流经过转折后，使剩余的液滴进一步分离，然后气体从出气管引出。

4. 安全阀

压缩机每级的排气管路上无其他压力保护设备时，都需装有安全阀。当压力超过规定值时，安全阀能自动开启放出气体；待气体压力下降到一定值时，安全阀又自动关闭。所以安全阀是一个起自动保护作用的器件。

安全阀按排出介质的方式分为开式和闭式两种。开式安全阀是把工作介质直接排向大气且无反压力，该安全阀适用于空气压缩机。闭式安全阀是把工作介质排向封闭系统的管路，适用于稀有气体、有毒或有爆炸危险的气体压缩机装置。

压缩机中常用的安全阀有弹簧式与重载式两种。弹簧式的结构紧凑，但其缺点是阀门从开始开启至完全开启，压力要升高10%～15%；重载式结构没有弹簧式紧凑，但其特点是阀门从开始开启到完全开启的时间内，不发生压力继续升高的现象，所以在压力较高时宜采用重载式安全阀。小型氮肥厂由于压力不很高，压缩机的安全阀均为弹簧式。如图2-95所示，2D型压缩机的一级安全阀是闭式安全阀。

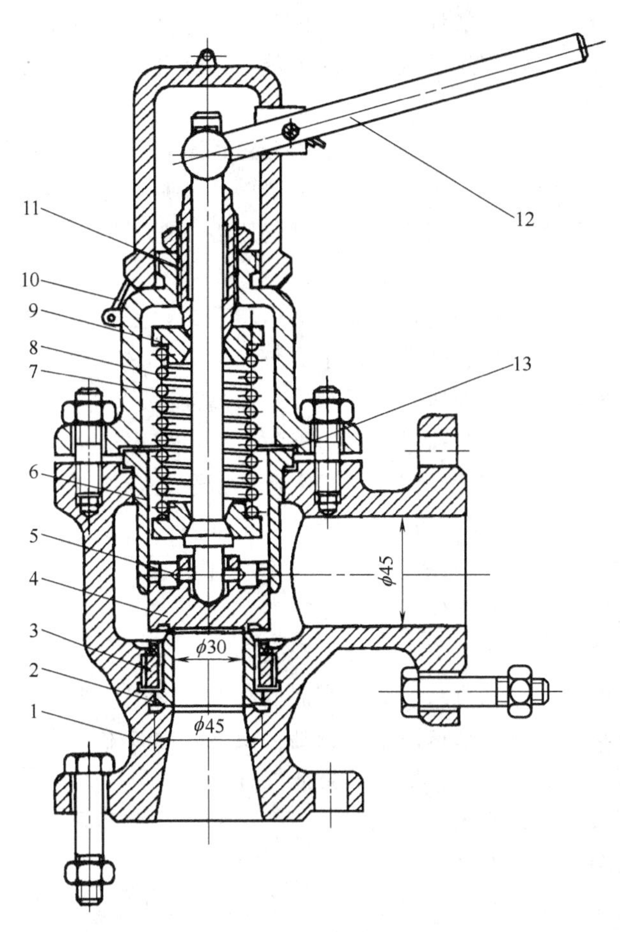

图2-95　闭式安全阀

1—阀体；2—阀座；3—固定圈；4—阀瓣；5—销子；6—导向套；7—弹簧；8—阀杆；9—弹簧座；10—铅封；11—调节螺钉；12—手柄；13—垫圈

安全阀不常工作，因此为了避免由于腐蚀或因加热而干结引起卡住的现象，阀门应定期打开，使其不致失灵。在弹簧式安全阀上装有手柄，可以使阀门定期打开。

四、活塞式压缩机的维护保养

1. 活塞式压缩机的日常维护

(1) 排放油水。机器工作期间，除中间冷却器的自动放油水装置外，储气罐及后冷却器的油水应定时排放。阴雨天应勤放，以防压缩空气中含油水过多。

（2）调整注油量。调整气缸、填料函的注油量，即调整油滴数和油滴大小，以使耗量保持在最小值。其调整方法是机器经过一段时间运转，卸下气阀检查，如气阀的阀片及气缸镜面上附有一层薄薄的油，则说明注油量适中；如无油，说明油量太小，应调大；如气阀结垢，说明注油量太大，应调小。机器运转时，应使各个润滑面均布有一薄油层，此时注油量为最适宜。合适的注油量并不是一次调成的，而需反复试调。每台机器由于工作状态不同，注油量也不尽相同。一般老机器用油量要多些。新安装的机器，第一个月的耗油量要比正常量多一倍左右。

（3）注意机身运动机构的耗油量，如果填料函、轴封以及机身盖板严密，油温、油位正常，则机身运动机构的耗油量可以大大减少。机身不应在运转时加油。如连续运转的机器，最好找出加油规律，定期、定量加油，以免油位忽高、忽低。油位太低，油滤网则要吸进空气，甚至不上油；油位太高，则运动机构击油太甚，刮油环无法正常工作。油位波动大，油温就要升高。

（4）监听机器响声，注意机器各部位的响声是否正常，如电动机的运转声、吸气管的吸气声、气阀启闭声、空气流动声、运动机构的撞击声、油泵声和调节装置的响声等。

（5）维护最佳供气压力，满足用户要求。供气压力一般根据用气设备要求的压力加上管路损失确定。

（6）记录机器运转数据。定期巡视机器各部运转数据，是否在正常范围内。每台压缩机在使用说明书中，都对本机器的运转数据作了详细规定，如最高使用压力、最高排气温度、最大轴功率、额定排气量、最低油压、最低水压、最高油温、最高水温、电动机温升等。所规定的这些数值，是长时间、全负荷运转时的极限值。操作人员必须记住这些极限值，并充分认识超过极限值对机器的危害性，同时也要掌握各阶段运转数据的正常值。只有这样，才能正确判断任一阶段、任一状态下，机器运转是否正常。

2. 处理紧急事故，发现下列情况时，必须紧急停车。

（1）任意级排气压力超过允许值，并继续升高。

（2）压缩机的轴功率超过额定值，并继续升高。

（3）突然停水、断油，电动机某相断电或部分断电。如因断水而停车，应待机器自然冷却后再送水，不允许马上向热气缸送冷水，否则会使气缸因收缩不均而炸裂。

（4）有严重的不正常响声，或者发现机身或气缸内有折断、裂纹等异常情况。

（5）压缩机某部位冒烟、着火，或机器任一部位温度不断升高。

（6）危及机器安全或人身安全时。

机器运转时，应始终保持机器、地面清洁，厂房通风良好，仪表指示正确，记录清楚等。尽量避免带负荷紧急停机，只有发生前述规定情况，才能紧急停车。

【任务实施】

一、工具和设备的准备

（1）活塞式压缩机装置。润滑油泵、缓冲器等附属设备。

（2）常用的测量工具、钳工工具等。

二、任务实施步骤

（1）压缩机排气量的调节操作，认识各调节装置的结构和工作原理。

（2）根据压缩机的润滑系统，了解压缩机的润滑方法和润滑油路，选择润滑油。

(3) 认识压缩机附属设备的结构和工作过程。

(4) 制定压缩机日常运行维护标准。

【知识拓展】

活塞式压缩机故障及排除

压缩机发生故障的原因常常是很复杂的，因此必须经过细心的观察研究，甚至要经过多方面的试验，并依靠丰富的实践经验，才能判断出产生故障的真正原因。压缩机运转中的故障及处理方法见表 2-4。

表 2-4　压缩机运转中的故障及处理方法

序号	发现问题	故 障 原 因	处 理 方 法
1	排气量不足	(1)气阀泄漏 (2)活塞杆与填料处泄漏 (3)气缸余隙过大，特别是一级气缸余隙过大 (4)气缸磨损(特别是单边磨损)，间隙增大漏气 (5)活塞环磨损，间隙大而漏气	(1)检查气阀，清洗、修理或更换气阀 (2)先拧紧填料函盖螺栓，仍泄漏时则修理或更换 (3)调整气缸余隙容积 (4)用镗削或研磨的方法进行修理，严重时更换缸套 (5)更换活塞环
2	功率消耗超过设计规定	(1)气阀阻力大 (2)吸气压力过低 (3)排气压力过高	(1)检查气阀弹簧力是否恰当，通道面积是否足够 (2)检查管道和冷却器，若阻力过大，采取相应措施 (3)降低系统压力
3	某级压力高于正常压力	(1)第一级吸入压力过高 (2)前一级冷却器的冷却能力不足 (3)后一级的吸、排气阀漏气 (4)后一级活塞环泄漏引起排气量不足 (5)到后一级的管道阻力增加	(1)检查并消除 (2)检查冷却器 (3)检查气阀，更换损坏件 (4)更换活塞环 (5)检查管道使之通畅
4	某级压力低于正常压力	(1)第一级吸、排气阀不良，引起排气漏气 (2)第一级活塞环泄漏过大 (3)前一级排出后或后一级吸入前的机外泄漏 (4)吸入管道阻力过大	(1)检查气阀，更换损坏件 (2)检查活塞环，予以更换 (3)检查泄漏处，并消除泄漏 (4)检查管路使之通畅
5	气缸发热	(1)润滑油质量不好或油量过少甚至供应中断 (2)冷却水供应不充分 (3)曲轴连杆机构偏斜，使个别活塞摩擦不正常，过分发热而咬住 (4)气缸与活塞的装配间隙过小	(1)选择适当的润滑油并注意润滑油的供应情况 (2)检查冷却水的供应情况 (3)调整曲柄连杆机构的同轴度 (4)调整气缸间隙
6	十字头滑道发热	(1)配合间隙过小 (2)滑道接触不均匀 (3)润滑油油压过低或供应中断 (4)润滑油质量低劣	(1)调整间隙 (2)重新研刮滑道 (3)检查油泵、油路的情况 (4)更换润滑油
7	吸、排气阀发热	(1)气阀密封不严，形成漏气 (2)吸、排气阀弹簧刚性不适当 (3)吸、排气阀弹簧折断 (4)气缸冷却不良	(1)检查气阀，研刮接触面或更新垫片 (2)检查刚性，调整或更换适当的弹簧 (3)更换折损的弹簧 (4)检查冷却水流量及流道，清理流道或加大水流量

续表

序号	发现问题	故障原因	处理方法
8	轴承发热	(1)轴颈与轴瓦贴合不均匀,或接触面过小,单位面积上的比压过大 (2)轴承偏斜或曲轴弯曲 (3)润滑油过少 (4)润滑油质量低劣 (5)轴瓦间隙过小	(1)用涂色法研刮,或改善单位面积上的比压 (2)检查原因,设法消除 (3)检查油泵或输油管的工作情况 (4)更换润滑油 (5)调整其配合间隙
9	气缸内发生异常声音	(1)气缸内有异物 (2)缸套松动或断裂 (3)活塞杆螺母松动或活塞杆弯曲 (4)支承不良 (5)曲轴-连杆机构与气缸的中心线不一致 (6)气缸余隙过小 (7)油过多或气体含水量过多	(1)清除异物 (2)消除松动或更换 (3)紧固螺母,或校正、更换活塞杆 (4)调节支承 (5)检查并调整同轴度 (6)增大余隙 (7)减少油量,提高油水分离效果
10	曲轴箱振动并有异常的声音	(1)连杆螺栓、轴承盖螺栓、十字头螺母松动或断裂 (2)主轴承、连杆大小头轴瓦、十字头滑道等间隙过大 (3)各轴瓦与轴承座接触不良,有间隙 (4)曲轴与联轴器配合松动	(1)紧固或更换损坏件 (2)检查并调整间隙 (3)研刮轴瓦瓦背 (4)检查并采取相应措施
11	吸排气时有敲击声	(1)气阀阀片断裂 (2)气阀弹簧松软 (3)气阀松动	(1)更换新阀片 (2)更换适合的弹簧 (3)检查拧紧螺栓
12	飞轮有敲击声	(1)配合不正确 (2)连接键配合松弛	(1)进行适当调整 (2)注意使键的两侧紧紧贴合在键槽上
13	管道发生不正常振动	(1)管卡过松或断裂 (2)支承刚性不够 (3)气流脉动引起共振 (4)配管架子振动大	(1)紧固或更换 (2)加固支承 (3)用预流孔改变其共振面 (4)加固配管架子
14	循环油油压降低	(1)油压表有故障 (2)油管破裂 (3)油安全阀有故障 (4)油泵间隙大 (5)油箱油量不足 (6)油过滤器阻塞 (7)油冷却器阻塞 (8)润滑油黏度降低 (9)管路系统连接处漏油 (10)油泵或油系统内有空气 (11)吸油阀有故障	(1)更换或修理油压表 (2)更换或焊补油管 (3)修理或更换安全阀 (4)检查并进行修理 (5)增加润滑油量 (6)清洗或更换过滤器 (7)清洗油冷却器 (8)更换新的润滑油 (9)紧固泄漏处 (10)排出空气 (11)修理故障阀门,清理堵塞的管路
15	柱塞油泵及系统故障	(1)注油泵磨损 (2)注油管路堵塞 (3)止回阀漏、倒气 (4)注油泵或油管内有空气	(1)修理或更换 (2)疏通油管 (3)修理或更换 (4)排出空气

学习情境三

离心式压缩机的维护与检修

【情境导入】

随着石油化工行业装置向大型化，集约化方向发展，离心式压缩机的应用范围越来越广。工程技术人员应了解离心式压缩机的结构、应用和工作原理；胜任压缩机的安装、找正、检修等工作；掌握离心式压缩机的运行与维护的操作规程和常见故障的排除。

【知识目标】

(1) 认识离心式压缩机的结构、主要零部件的功用，离心式压缩机的工作特性。

(2) 熟悉离心式压缩机的拆卸与安装的要求及准备工作，了解机组的对中找正方法。

(3) 掌握离心式压缩机检修内容、主要零部件的检修过程及质量判断依据。

(4) 了解离心式压缩机的试车内容、方法和步骤，了解离心式压缩机的运行与调节过程。

(5) 离心式压缩机维护方法与步骤，了解离心式压缩机常见故障及故障的处理方法。

【能力目标】

(1) 能够查阅相关的资料。

(2) 能对压缩机进行拆卸、清洗、检查与维修，能对压缩机进行组装和安装。

(3) 能进行机组找正计算和操作。

(4) 能够熟练对压缩机进行试车、调节及日常维护。

(5) 能对压缩机进行故障分析与判断。

任务一　离心式压缩机的结构和工作原理

【任务描述】

了解离心式压缩机的分类、组成、结构特点和工作原理，分析压缩机的性能和工况。

【任务分析】

任务的完成：在对压缩机进行维、检修时，首先要了解压缩机的结构特点、压缩机主要零部件的功用及相互位置关系、压缩机的运行工况等知识。

【相关知识】

离心式压缩机是速度式透平压缩机的一种，它是通过高速旋转的叶轮给气体以离心力的作用，使被压缩的气体沿着垂直于压缩机轴的径向方向流动。在早期，离心式压缩机主要用来压缩空气，并且只适用于低、中压力和气量很大的场合。随着各种生产工艺过程的需求和离心式压缩机制造工艺及设计技术的提高，离心式压缩机已应用到高压领域。尤其近 20 年来，在离心式压缩机设计、制造方面，不断采用新技术、新结构和新工艺，如采用高压浮环密封结构和干气密封结构，较好地解决了高压下的轴端密封问题；采用多油楔径向轴承及可倾瓦止推轴承，减少了油膜振荡；圆筒形机壳的使用解决了高压气缸的强度和密封性问题；电蚀加工和钎焊解决了小流量下窄流道叶轮的加工问题。

一、离心式压缩机的结构

（一）离心式压缩机的分类

离心式压缩机按结构和传动方式可分为水平剖分型、垂直剖分型（又称筒型）和等温型压缩机等。按用途和输送介质的性质可分为空气压缩机、二氧化碳压缩机、合成气压缩机、裂解气压缩机、氨压缩机、乙烯压缩机及丙烯压缩机等。

1. 水平剖分型

水平剖分型压缩机的气缸被剖分为上、下两部分，一般用于空压机，排气压力限定在 4～5MPa，不适于高压和含氢多且分子量小的气体压缩。此种压缩机拆卸方便，适用于中、低压的场合，如图 3-1 所示。

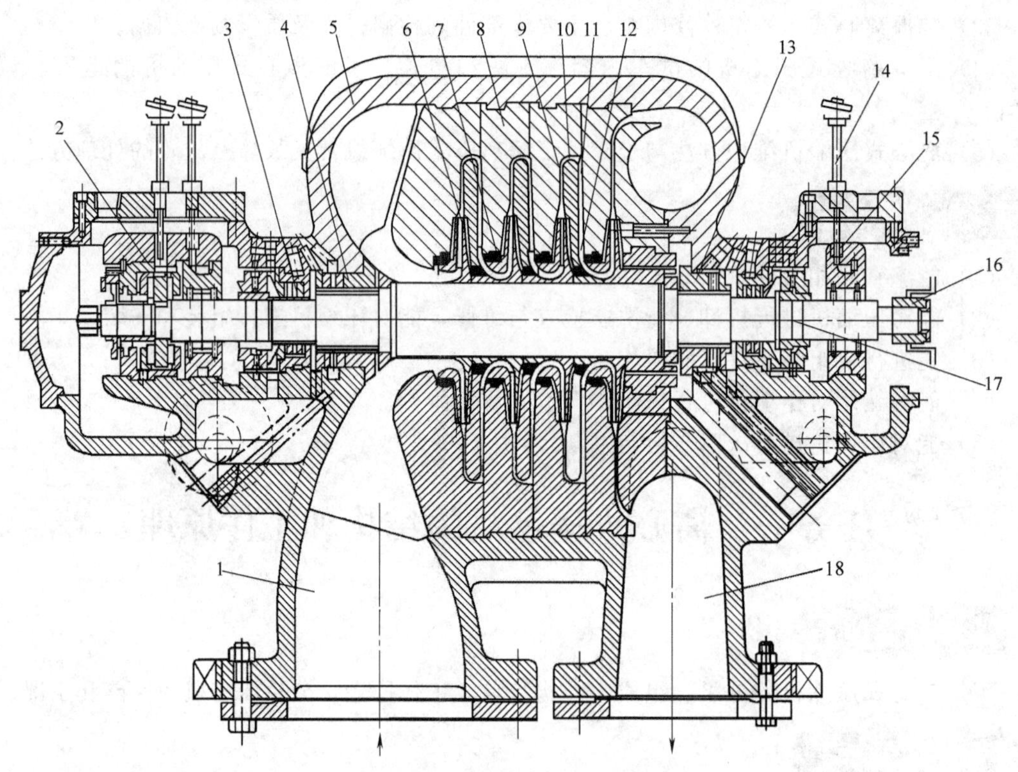

图 3-1 水平剖分型离心式压缩机

1—吸气室；2—止推轴承；3—轴端密封；4—后置密封；5—机壳；6—叶轮；7—轴盖密封；8—隔板；9—扩压器；10—弯道；11—回流器；12—级间密封；13—前置密封；14—轴承测温计；15—止推轴承；16—联轴器；17—主轴；18—排出口

2. 筒型

筒型也就是垂直剖分型，筒型气缸里装入垂直剖分的隔板，两侧端盖用螺栓紧固。由于气缸是圆筒形的，抗内压能力强，对温度和压力所引起的变形也较均匀。此种压缩机缸体强度高、密封性好、刚性好，但是拆装困难、检修不便，适用于高压或要求密封性好的场合，如图 3-2 所示。

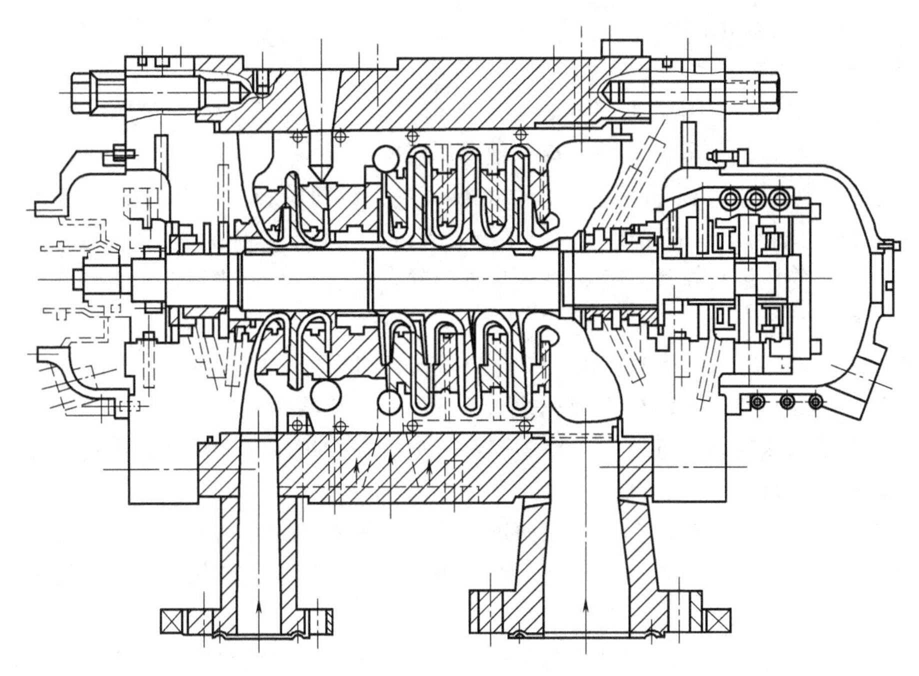

图 3-2　筒型压缩机

3. 等温型

这种压缩机就为了能在较小的动力下对气体进行高效的压缩，把各级叶轮压缩的气体，通过级间冷却器冷却后再导入下一级的一种压缩机。

图 3-3 所示为多轴型离心式压缩机。多轴型压缩机是为了能在较小的动力下对气体进行

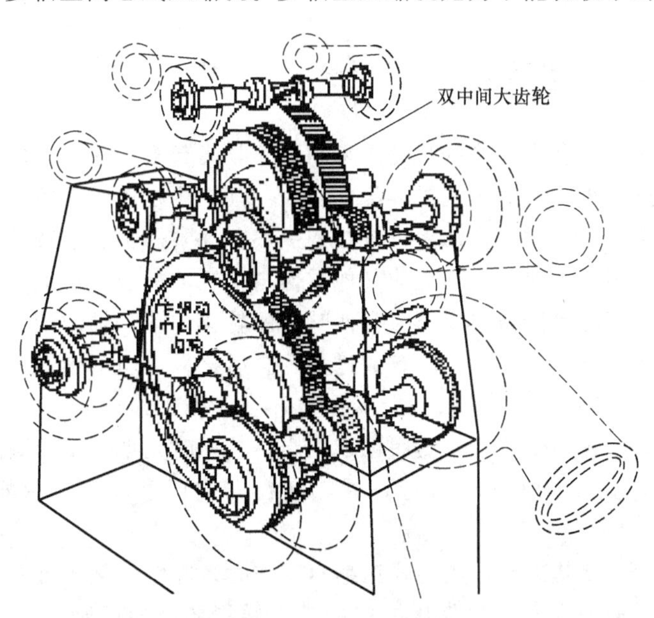

图 3-3　多轴型离心式压缩机

高效的压缩，在一个齿轮箱中由一个大齿轮驱动几个小齿轮轴，每个轴的一端或两端安装叶轮，把各级叶轮压缩的气体，通过级间冷却器冷却后再导入下一级的一种压缩机。此种压缩机结构简单、体积小，适用于中、低压的空气、蒸汽或惰性气体的压缩。

（二）离心式压缩机的组成

1. 压缩机的构件

在离心式压缩机中，习惯上将叶轮与轴的组件统称为转子，转子多为双支承挠性轴结构，主轴上装有叶轮、平衡盘、推力盘、轴套和联轴器等。

在离心式压缩机中，定子就是机壳，由吸气室、级间隔板（扩压器、弯道、回流器）、排气室（蜗壳）、轴封、级间密封、入口导流器等组成，它们也称为固定元件。

此外，为了使压缩机持续安全、高效率地运转，还必须有一些辅助设备和系统，如油路系统、自动控制系统及故障诊断系统。

由图 3-1 可知，离心式压缩机由转子及与其配合的固定元件所组成，其主要构件如下。

（1）叶轮　是离心式压缩机中唯一的做功部件，叶轮叶片一般采用出口角 30°～60°的后弯叶片。它随轴高速旋转，气体在叶轮中受旋转离心力和扩压流动作用，因此气体流出叶轮时的压力和速度都得到明显提高。

叶轮有闭式叶轮、半开式叶轮和双面进气叶轮。最常见的是闭式叶轮，其漏气量小、性能好、效率高、做功量大、单级增压高。双面进气叶轮适用于大流量，且叶轮轴向力本身得到平衡。

（2）扩压器　是离心式压缩机中的转能部件。气体从叶轮流出时速度很高，为此在叶轮出口后设置流通截面逐渐扩大的扩压器，以将这部分速度能有效地转变为压力能。扩压器一般有无叶扩压器、叶片扩压器和直壁扩压器三种结构。

（3）弯道　是设置于扩压器后的气流通道。其作用是将扩压器后的气体由离心方向改为向心方向，以便引入下一级叶轮继续压缩。

（4）回流器　是为了使气流以一定方向均匀进入下一级叶轮入口。回流器中一般都装有导向叶片。

（5）吸气室　用来把气体从进口管或中间冷却器引到叶轮中去，一般有轴向、径向、径向环流三种结构。

（6）蜗壳　把从扩压器或直接从叶轮出来的气体收集起来，并引出机外。

（7）主轴　是离心式压缩机的主要零部件之一。其作用是传递功率、支承转子与固定元件的位置，以保证机器的正常工作。主轴按结构一般分为阶梯轴、节鞭轴和光轴三种类型。

（8）紧圈和固定环　叶轮及主轴上的其他零件与主轴的配合，一般都采用过盈配合，但由于转子转速较高，离心惯性力的作用将会使叶轮的轮盘内孔与轴的配合处发生松动，导致叶轮产生位移。为了防止位移的发生，有些过盈配合后再采用埋头螺钉加以固定，但有些结构本身不允许采用螺钉固定，而采用两个半固定环及紧圈加以固定。固定环由两个半圈组成，加工时按尺寸加工成一个圆环，然后锯成两半。装配时先把两个半圈的固定环装在轴槽内，随后将紧圈加热到大于固定环外径，并热套在固定环上，冷却后即可牢固地固定在轴上。

（9）转子的轴向力及其平衡　离心式压缩机工作时，叶轮受到的轴向力与离心泵完全相同，由于不平衡轴向力的存在，迫使压缩机的整个转子向叶轮的吸入口方向（低压端）窜动，造成止推轴承的损坏并使转子与固定元件发生碰撞而引起机器的损坏。

在离心式压缩机中，轴向力的平衡方法，原则上与离心泵相同。使用最多的是叶轮对称排列和设置平衡盘两种方法。高压离心式压缩机还可以在叶轮背面加平衡叶片来平衡轴向力，该法只有在压力高、气体密度大的场合才有效。

（10）推力盘　是将轴向力传递给止推轴承的装置，其一端开有凹槽，主要作密封用，另一端也加工有圆弧形凹面，该圆弧形凹面在主轴上恰好与主轴上的叶轮入口处相连，这样可以减少因气流进入叶轮所产生的涡流损失和摩擦损失。

2. 压缩机的级、段、缸、列

在离心式压缩机的术语中，常用的有“级”、“段”、“缸”、“ 列”。

压缩机的“级”，由一个叶轮及与其相配合的固定元件所构成。级是离心式压缩机做功的基本单元。一台离心式压缩机总是由一级或几级所组成。从级的类型来看，一般可分为首级、中间级和末级三类。首级由吸气室、叶轮、扩压器、弯道、回流器所组成。中间级是由叶轮、扩压器、弯道、回流器所组成。末级是由叶轮、扩压器和蜗壳所组成（有的末级只有叶轮和蜗壳而无扩压器）。如图 3-4 所示。

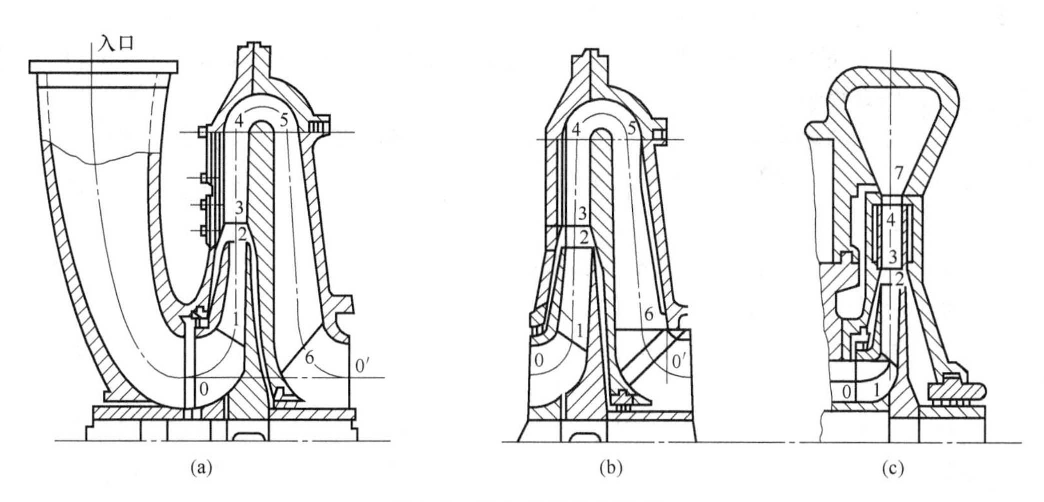

图 3-4　离心式压缩机的级

“段”，是以中间冷却器作为分段的标志。

“缸”，一个机壳称为一个缸，多机壳的压缩机即称为多缸压缩机。叶轮数目较多，如果都装在同一根轴上，会使临界转速变得很低，结果工作转速与第二临界转速过于接近，这是不允许的。为使机器设计得更合理，压缩机各级需要采用不同转速时，也需分缸。

“列”，就是压缩机缸的排列方式，一列可由一至几个缸组成。

二、离心式压缩机的工作原理和主要特点

1. 基本工作原理

离心式压缩机的基本工作原理与离心泵有许多相似之处。气体由吸气室吸入，通过叶轮对气体做功后，使气体的压力、速度、温度都得到提高，然后再进入扩压器，将气体的动能转变为静压能。当通过一级叶轮对气体做功、扩压后不能满足输送要求时，就必须把气体再引入下一级继续进行压缩。为此，在扩压器后设置了弯道、回流器，使气体由离心方向变为向心方向，均匀地进入下一级叶轮进口，至此，气体流过了一个“级”，再继续进入以后各级继续压缩，在末级由蜗壳汇聚后排出机外。

2. 离心式压缩机的主要特点

目前，在生产中除了流量较小（$<100\text{m}^3/\text{min}$）和超高压（$>750\text{MPa}$）的气体输送外，大多数倾向采用离心式压缩机，离心式压缩机趋向于取代活塞式压缩机。实践证明，离心式压缩机特别是用汽轮机驱动的离心式压缩机与活塞式压缩机相比，具有以下的优点。

(1) 生产能力大，供气量均匀。

(2) 结构简单、紧凑，占地面积小，土建投资少。

(3) 易损零件少，便于检修，运转可靠，连续运转周期长，操作及维修工作量少。

(4) 转子和定子之间，除轴承和轴端密封之外，无接触摩擦，气缸内不需要润滑，有利于化学反应和提高合成率。

(5) 适于汽轮机或燃气轮机直接驱动。可充分利用大型石化厂生产过程中的副产蒸汽或烟气作能源的汽轮机或燃气轮机直接驱动，提高生产过程中的总热效率，节约动力投资，降低成本。

(6) 对于具有同样容量的离心式压缩机和汽轮机组，较活塞式压缩机和电动机组的价格低得多，所以建厂费用低。

离心式压缩机虽然具有以上优点，但也存在以下缺点。

(1) 离心式压缩机的效率一般比活塞式压缩机的效率低，这是因为离心式压缩机中气流的速度较高，能量损失较大。

(2) 离心式压缩机只有在设计工况下工作时才能获得最高效率，离开设计工况点进行操作时，效率就会下降。更为突出的是，当流量减小到一定程度时压缩机会产生“喘振”，如果不及时处理，可导致机器的损坏，而活塞式压缩机就没有这种现象。

(3) 离心式压缩机不容易在高压比的同时得到小流量。离心式压缩机的单级压力比很少超过 3，而在活塞式压缩机中每级的压力比可能达到 2～4 以上。

(4) 对于高压力比、小流量的离心式压缩机，由于流量小，气流通道变窄，因此制造加工困难且流动损失较大，压缩机的效率降低。

(5) 操作的适应性差，气体的性质对操作性能有较大影响。在装置开车、停车和正常运转时介质的变化较大时，负荷的变化也较大，驱动机应留有较大的功率裕量，但在正常运转时空载消耗较大。

3. 离心式压缩机的型号

离心式压缩机的型号能反映出压缩机的主要结构特点、结构参数及主要性能参数。

国产离心式压缩机的型号及意义如下：

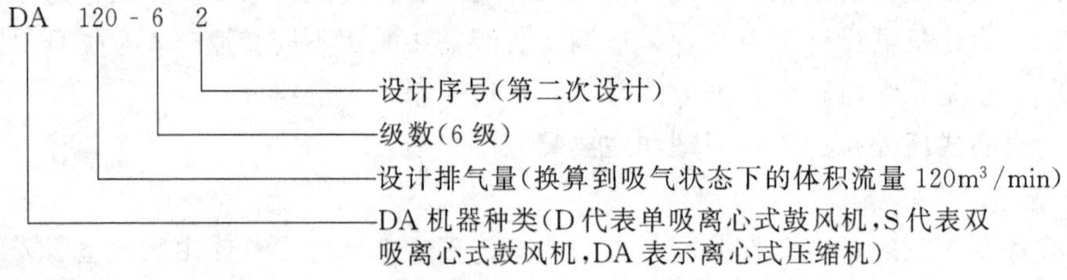

透平裂解气压缩机的型号及意义如下：

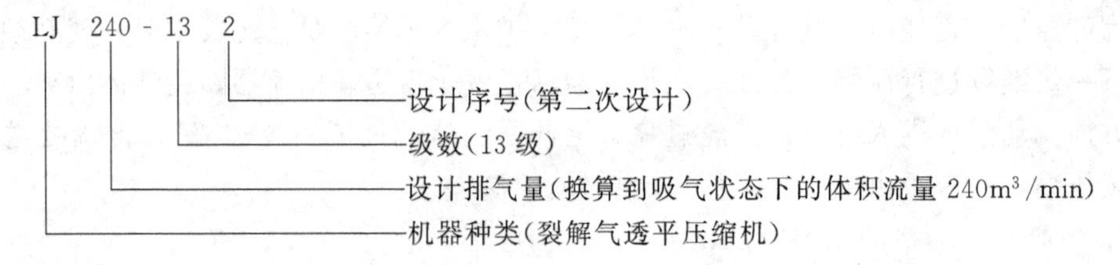

三、离心式压缩机的性能参数及工况

（一）主要性能参数

对于离心式压缩机，其主要性能参数有以下几个。

（1）排气压力　指气体在压缩机出口处的绝对压力，也称终压，单位为 kPa 或 MPa。

（2）转速　压缩机转子单位时间的转数，单位为 r/min。

（3）功率　压缩机运转时需要供给的轴功率，单位为 kW。

（4）排气量　指压缩机单位时间内能压送的气体量。有体积流量和质量流量之分，体积流量常用符号 Q 表示，单位为 m^3/s。一般规定排气量是按照压缩机入口处的气体状态计算的体积流量，但也有按照压力 101.33kPa、温度 273K 时的标准状态下计算的排气量。质量流量常用符号 G 表示，单位为 kg/s。

（5）效率　是衡量压缩机性能好坏的重要指标，可用下式表示：

$$\text{压缩机的效率}=\frac{\text{气体净获得的能量}}{\text{输入压缩机的能量}}$$

（二）离心式压缩机的工况

1. 喘振工况

离心式压缩机的流量减小到某一值（称为最小流量 Q_{min}）时，就不能稳定工作，气流出现脉动，振动加剧，伴随着吼叫声，这种不稳定工况称为喘振工况，这一流量极限 Q_{min} 称为喘振流量。压缩机级性能曲线的左端只能到 Q_{min}，流量不能再减小了。压缩机的喘振是一个很复杂的物理现象，它既与气流边界层有关，又与压缩机所在的管网系统有关。

2. 堵塞工况

在转速不变时，当级中流量加大到某个最大值 Q_{max} 时，压力比和效率垂直下降，就会出现堵塞现象，所以压缩机级性能曲线右端只能到 Q_{max}。这可能出现两种情况：第一，在压缩机内流道中某个截面出现失速，已不可能再加大流量；第二，流量加大，摩擦损失及冲击损失都很大，叶轮对气体做的功全部用来克服流动损失，使级中气体压力得不到提高。

3. 稳定工况区

喘振工况与堵塞工况之间的区域称为稳定工况区。

衡量一个级性能的好坏，不仅要求在设计流量下有最高的效率和较高的压力比，还要有较宽的稳定工作范围。影响稳定工作范围的因素很多，主要与叶片出口角密切相关。试验证明，由叶片出口角小的后弯叶片型叶轮组成的级，具有较宽的稳定工作范围。其原因是叶道中气流速度比较均匀，具有较小的喘振流量，从而改善了叶片扩压器的进口条件。

4. 离心式压缩机运行的特点

（1）在一定的转速下，压缩机的压力比同流量成反比。

（2）在一定的转速下，当流量为设计流量时，压缩机的效率达到最高值，当流量大于或小于此值时，效率都将下降，一般常以此流量的工况点为设计工况点。

（3）压缩机运行时受到喘振工况（Q_{min}）和堵塞工况（Q_{max}）的限制，在这两者之间的区域为压缩机稳定工况区。稳定工况区的宽窄，是衡量压缩机性能的重要指标之一。

（4）压缩机级数越多，则气体密度变化的影响越大，性能曲线越陡，稳定工况区越窄。

（5）转速越高，压力比越大，稳定工况区越窄。随着转速的增高，压缩机向大流量、高压力方向转移。

【任务实施】

一、参观压缩机制造厂

(1) 认识不同类型离心式压缩机的结构。

(2) 对照压缩机，分析级、段、缸、列等的组成和特点。

(3) 通过压缩机的铭牌、使用说明书等了解压缩机的性能、工况、型号等。

二、任务实施步骤

(1) 识读压缩机的型号。

(2) 观察解体压缩机各零部件。

(3) 分析压缩机的性能和工作原理。

【知识拓展】

离心式压缩机的能量损失

气体在叶轮和压缩机的机壳中流动时，存在着各种损失，这些损失的存在必然要引起压缩机无用功的增加和效率的下降。离心式压缩机的损失主要有以下几个方面。

1. 流道损失

流道损失是指气体在吸气室、叶轮、扩压器、弯道和回流器等元件中流动时产生的损失，包括流动损失和冲击损失。流动损失又包括摩擦损失、边界层分离损失、二次涡流损失和尾迹损失。

(1) 摩擦损失　因气体有黏性，在压缩机的流道中气体流动时就会产生摩擦，造成流动摩擦损失。

(2) 边界层分离损失　当边界层发生分离时，在壁面处产生旋涡区，而造成很大的能量损失，即边界层分离损失。

(3) 二次涡流损失　气体流经叶轮叶道时，由于叶道是曲线形的并存在轴向涡流，因此叶道中气体流速和压力分布是不均匀的。工作面一侧速度低、压力高，非工作面一侧恰好相反，于是两侧壁边界层中的气体受到压力差作用，就会产生由工作面向非工作面的流动。这种流动的方向与主气流的方向大致相互垂直，所以称为二次涡流。它的存在干扰了主气流的流动，造成了能量损失。

(4) 尾迹损失　当气体从叶道流出时，由于叶片尾缘有一定的厚度，气体通流面积突然扩大，就使叶片两侧的气流边界层发生分离，在叶片尾部处形成充满旋涡的尾迹区，从而引起能量的损失。

(5) 冲击损失　是指气体进入叶轮或叶片扩压器的叶道时，气流的方向和叶道进口处叶片安置角方向不一致而产生的能量损失。

2. 轮阻损失

压缩机的叶轮在气体中做高速旋转运动，所以叶轮的轮盘和轮盖两侧壁与气体发生摩擦而引起能量损失，这部分无用功的损耗称为轮阻损失。

3. 漏气损失

因为压缩机叶轮出口处气体的压力较叶轮进口处气体的压力高，所以叶轮出口的气体有一部分从密封间隙中泄漏出来而流回叶轮进口。在转轴与固定元件之间虽然采用了密封，但由于气体的压差也会有一部分高压气体从高压级泄漏到低压级，或流出机外，这种内部或外部泄漏所造成的能量损耗称为漏气损失。

任务二　离心式压缩机的拆卸与安装

【任务描述】

按照工程施工要求完成新压缩机的安装，对需要检修的压缩机解体检修，检查测量，更换损坏的零部件。

【任务分析】

任务的完成：识读图纸，了解待安装压缩机的结构，了解待检修压缩机装置各部件的检修要求，制定拆卸步骤和操作规程。从拆卸开始前的准备工作、拆卸检修过程的实施，及安装结束后的试车与交接等，制定严格的质量控制标准和施工方法，在安装及试车过程中，做好检查记录。

【相关知识】

一、离心式压缩机组的安装

离心式压缩机组的安装因驱动机不同其程序有所区别。驱动机为汽轮机的离心式压缩机一般称透平压缩机，安装时常以汽轮机为基准，但也有以大型增速器或机组中间位置的某段缸为基准的。对于由电动机、增速器和压缩机组成的离心式压缩机组，整个机组的安装基准是增速器。所以安装程序是先安装好增速器，然后以增速器齿轮轴中心线为基准，来找正压缩机和电动机的中心线，使整个机组的中心线在垂直面上投影能成为一条连续的曲线，如图3-5所示，这样才能保证机组的正常工作。

离心式压缩机组的安装有解体安装和整机安装两种，现分别介绍如下。

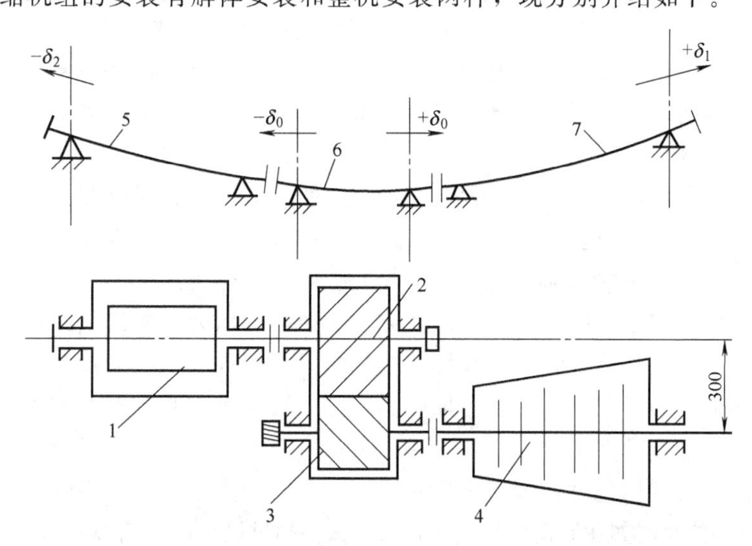

图 3-5　以增速器为准找正联轴器确定电动机和压缩机的位置

1—电动机转子；2—增速器大齿轮；3—增速器小齿轮；4—离心式压缩机转子；5—电动机转子主轴中心线；6—增速器齿轮轴中心线；7—压缩机转子主轴中心线

（一）解体压缩机组的安装

1. 增速器的装配

（1）对各零件进行认真清洗和检查，要求各零件无损伤、油路畅通。

（2）轴承的装配。应注意的是增速器轴承所受径向载荷的方向及轴向载荷将对轴承装配提出特殊要求。

（3）齿轮和轴的装配。技术指标按随机安装的说明书或《设备维护检修规程》规定进行。

（4）增速器的齿轮和轴承进行上述各项检查和调整时，必须将全部数值记录整理好，经有关部门审查同意后，方可盖增速器箱盖。

2. 压缩机的装配

（1）认真清洗检查气缸盖、气缸底、气封及隔板有无缺陷，特别是检查叶轮上的固定铆钉是否松动，轴瓦推力块、油封是否符合要求，各油孔位置是否相吻合等。

（2）转子的组装。轴套和叶轮都是过盈装到轴上的，可以采用加热装配。在装配转子上其他零件时，叶轮和轴套，轴套和轴肩处，应留一定的热胀间隙，此间隙一般为 0.15～0.3mm。最后应严格进行动平衡试验。

（3）隔板、级间密封、轴衬清洗干净，在其止口涂上拌有石墨的机油，装入气缸内。

（4）轴承的装配。

（5）转子的吊装和检查。

（6）机壳与隔板的装配。

3. 增速器就位

一般在增速器底座和基础台板间，都加有调整垫片。暂时不装这些垫片，用塞尺检查增速器底座和基础台板的贴合程度。要求 0.05mm 的塞尺在支脚的任何部位都不能塞入。检查合格后，再装上一定厚度的调整垫片。至此，增速器安装完毕。

4. 压缩机和电动机的安装

对于分离的基础台板，每块都应调整到标高一致。为了确定压缩机和电动机的轴向位置，应测量增速器和电动机及压缩机间两对轴段的轴间距离，应符合图纸的要求。由于压缩机工作时要产生热膨胀，因此，压缩机地脚螺栓和螺栓孔之间的间隙，也要在确定其轴向位置时予以考虑。

联轴器对中以增速器为基准，分别对压缩机和电动机进行联轴器对中。

5. 联轴器的装配

（1）联轴器装配之前应进行清洗和检查，应无锈蚀、裂纹、毛刺和损伤等缺陷。

（2）测量轮毂孔和轴的直径、锥度，其过盈值和锥度应符合技术文件的规定。

（3）检查轮毂孔和轴的表面粗糙度 Ra 值不应大于 0.8μm。

（4）无键联轴器宜用液压法装配，操作方法、装配的压力和推进量必须符合技术文件的规定。装配前宜用涂色法检查轮毂孔和轴的接触情况，能推进部分的接触面积大于 80%。

（5）过盈加键联轴器，宜用热装。加热温度和方法取决于联轴器的尺寸和过盈量。加热温度宜为 180～230℃。

（二）离心压缩机组的整体安装

离心压缩机整体机组如在制造厂试运转合格，又不超过机械保证期限，运输过程安全有保证时，安装前可不进行解体（揭盖）检查，直接进行整体安装。安装过程一般按下列顺序进行。

1. 机组就位、找平、找正

（1）机组就位前离心压缩机的底座必须清除油垢、油漆、铸砂、铁锈等，机器的法兰孔应加设盲板，以免脏物掉入。

(2) 位于机器下部与机器相连接的设备，应试压检验合格后先吊装就位，并初步找正。

(3) 机组就位前必须首先确定供机组找平找正的基准机器，先调整固定基准机器，再以其轴线为准，调整固定其余机器。

(4) 机器就位。先把金属底板放在水泥基础上，压缩机支腿放在底板的支架上。底板设有水平调节螺钉，利用它调节好底板和基础之间的距离，一般约 100mm，以供二次灌浆用。利用水平调节螺钉将底板找平。底板用地脚螺栓固定在基础上，但先不上紧。

(5) 机组中心线应与基础中心线一致，其偏差不应大于 5mm。基准机器的安装标高，其偏差不应大于 3mm。

(6) 纵横向水平以轴承座、下机壳中分面或制造厂给出的专门加工面为准进行测量。机组纵向水平度的允许偏差：基准机器的安装基准部位应为 0.02～0.05mm/m，其余机器必须保证联轴器对中要求。横向水平度的偏差不应大于 0.10mm/m。

2. 机组联轴器对中

(1) 离心压缩机转速高，对联轴器的对中要求严格。联轴器表面应光滑，无毛刺、裂纹等缺陷。

(2) 采用百分表测量时，表的精度必须合格，表架应结构坚固，重量轻，刚性大，安装牢固，无晃动。使用时应测量表架挠度，以校正测量结果。

(3) 调整垫片应清洁、平整、无折边、毛刺等。查明机组轴端之间的距离符合图纸要求。按制造厂提供的找正图表或冷对中数据进行对中。

3. 基础二次灌浆

基础二次灌浆前应检查和复测联轴器的对中偏差和端面轴向间距是否符合要求。复测机组各部滑键、立销、锚爪、联系螺栓的间隙值。检查地脚螺栓是否全部按要求紧固。用 0.25～0.5kg 的手锤敲击检查垫铁，应无松动。垫铁层之间用 0.05mm 的塞尺检查，同一断面处两侧塞入深度之和不得超过垫铁边长（或宽）的 1/4。垫铁两侧层间用定位焊固定。机组检查复测合格后，必须在 24h 内进行灌浆，否则，应再次进行复测。

4. 最终找正

(1) 再次检查底板水平，一般要求达到 0.02mm/m 的水平精度。

(2) 对各缸转子进行最终找正。

当找正结束，在底板下方再次灌浆、抹面，机器最终就位。

5. 管道连接和销定

只有在找正合格之后，才能将进、排气连接管接到机器上。接管要用支架来支持本身重量，气体温度高的接管应设膨胀节，以防止管子热膨胀推动气缸，破坏对中。在把紧气缸与进、排气接管的连接螺栓时，应在基础上适当位置或者在不与机器相连的结构上架上百分表，使百分表触杆顶在压缩机身上，检查接管对压缩机作用力的大小程度。

在机器以正常速度运行一段时间之后，复查机器的找正情况，证实对中良好，机器应被销定。销钉钉在设有纵向和横向键的底板处，保证机器可以沿纵向和横向自由膨胀和收缩。

二、离心式压缩机检修内容

离心式压缩机的机型有所差异，其检修规模、检修内容、间隔期也有所不同，但一般检修内容基本相同。

1. 小修项目内容（检修周期 3～4 个月）

（1）对运行中振动或轴位移较大的轴承进行检查处理。

（2）对运行中温度较高的轴承及相应的上、回油管线进行检查修理。

（3）消除各种管线、阀门、法兰的跑、冒、滴、漏。

（4）消除运行中发生的其他故障、缺陷。

2. 中修项目内容（检修周期 8～12 个月）

（1）包括小修的全部内容。

（2）解体检查径向轴承、止推轴承和油封，测量瓦背过盈量、油封间隙、转子窜量等，必要时进行调整或更换零部件。

（3）检查轴颈、止推盘完好情况，必要时进行修整。

（4）检查清洗密封装置，如浮环密封、机械密封等，测量有关间隙，检查各零部件，调整间隙并更换损坏件。

（5）检查各联轴器，清洗联轴器螺栓，测量联轴器套筒浮动量，检查内外齿套配合、磨损情况，对联轴器螺栓进行无损探伤。

（6）检查、清洗各缸体滑销系统。

（7）检查、调整各主要管道的支架、弹簧吊架等。

（8）机组检修前复查对中，检修后重新找正。

（9）主润滑油泵、主密封油泵解体检查；辅助润滑油泵、辅助密封油泵、事故油泵检查对中。清洗各油冷器、油过滤器，油冷器试压。清洗、检查污油捕集器、油气分离器。

（10）检查修理主要电气开关、电路；仪表重新调整各振动、温度的整定值以及轴位移探头和有关联锁及其他仪表装置。

3. 大修项目内容（检修周期 24～36 个月）

（1）拆卸联轴器，检查复核机组的对中情况；检查清洗联轴器各零部件；重新调整机组同轴度。

（2）检查转子的轴向窜量以及叶轮与扩压器间隙，检查测量转子各部径向与轴向的跳动。

（3）检查、修理压缩机的径向轴承和止推轴承，测量记录各部间隙；检查轴承瓦块、止推盘，使用着色法进行无损检测，调整各轴承间隙。

（4）检查轴封。拆卸清洗浮环密封，检查迷宫和浮环；拆卸干气密封或机械密封，检查密封环的使用情况。

（5）检查、清洗转子，检查转子轴颈的椭圆度、圆柱度并进行打磨和抛光；根据情况对转子进行动平衡试验并进行必要的调整。

（6）检查清洗上、下壳体的级间迷宫密封，必要时进行更换。

（7）检查清理上、下壳体的各级间隔板；更换全部密封用 O 形环；检查调整各级间隔板的安装位置。

（8）检查清理上、下壳体的中分面；更换中分面密封件和密封材料；检查下壳体中分面的水平度并进行必要的调整。

（9）对壳体螺栓、转子轴颈、止推盘、叶轮和隔板等部件进行无损探伤检查。

（10）检查、紧固压缩机地脚螺栓；检查压缩机的定位销及导向键，进行必要的调整和润滑。

三、离心式压缩机一般拆卸方法的规定

（一）压缩机拆卸前的准备

（1）按照《炼油化工企业安全、环境与健康（HSE）管理规范》中的规定，对检修过程进行必要的危害识别、风险评价、风险控制及环境因素及环境影响分析。

（2）根据压缩机的运行技术状况和监测记录，分析故障原因和部位，制定详尽的检修方案，编好施工进度网络图表，备齐有关的图纸资料及检修记录。落实检修组织，人员分工到位，技术人员向参检人员进行技术交底，明确技术要求。

（3）对计划更换的备件、材料要进行检查和清点，全部备件、材料必须具有质量合格证和入库检验单，O形环和密封涂料等消耗品不得超期变质。

（4）检修时使用的吊车要进行事先检修并进行承载试验和试运行，并经专业管理部门验收合格。

（5）备齐精密量具和专用量具并事先检验合格。

（6）备齐各种专用工具，对液压工具和电加热工具要事先进行使用试验。

（7）每台机组备齐一套检修工具，并准备足够的消耗材料。

（8）落实施工安全措施。

按规定进行断电、倒空、置换等工艺处理，具备检修条件，办理安全检修施工作业票后，方可施工。

检修施工安全方面的未尽事宜，应执行《中国石油化工总公司安全生产管理制度》的有关规定。

（二）压缩机的拆卸与检查

以水平剖分式压缩机为例，说明离心式压缩机的拆卸与检查。

（1）拆除妨碍压缩机解体的附属管线，将压缩机和管线敞开的管口封闭捆扎好并一一对应做好标志。

（2）拆除压缩机上各检测及指示仪表。

（3）拆卸联轴器罩，检查联轴器轮毂在轴上有无松动（轴向位移）和相对滑动（角位移），复核记录机组同轴度，并与前次检修对比，确定机组的对中情况。

（4）拆卸上壳体。

（5）检测记录止推轴承的轴向间隙和径向轴承的间隙、紧力。

（6）检查转子与壳体的相对位置，测量转子的轴向总窜量。

（7）对转子轴颈、止推盘、联轴器轮毂和齿轮联轴器内齿圈、壳体紧固螺栓等进行着色检查或其他无损探伤检查。

（8）检查轴颈以及下壳体中分面的水平度。

（9）检查记录转子各部位径向与轴向的跳动值。

（10）拆卸止推轴承和径向轴承。

（11）吊出转子，检查轴颈椭圆度、圆柱度。

（12）液压拆卸无键联轴器轮毂，液压或加热拆卸止推盘。

（13）拆卸浮环密封、干气密封组件（或机械密封组件）并检测各密封间隙，根据情况更换各密封环。

（14）检查各轴封、级间密封的完好情况。

（15）拆卸导流器与隔板组件，检查其冲刷、结垢、磨损、腐蚀等情况。

（16）检查冲洗油喷嘴，确认其完好情况。

（17）对可倾瓦瓦块、止推瓦块、油密封浮环、止推轴承挡油环进行着色检查，检查其巴氏合金衬层是否有裂纹、腐蚀及脱壳现象。

（三）拆卸要求及注意事项

1. 为装配复位准确拆装应检测的项目

（1）测量联轴器轴向浮动量、轴端距离及与轴配合尺寸。

（2）测量止推轴承间隙、转子轴向工作位置、转子的总窜量，检查推力盘端面与转子中心线的垂直度。

（3）测量机械密封盘的装配尺寸、方位和压缩量。

（4）缸体剖分面的间隙尺寸和分布情况。

2. 拆卸中应注意的事项

（1）拆卸轴承和密封零件，以及吊转子时，必须特别小心，不允许敲打和碰撞，以防止掉落摔坏。

（2）形状相同零件应编号区分，相互配合件标注记号对应保管，以防混乱装错。

（3）成套件零件，应配套保存。

（4）配合止口面、密封面绝对禁止直接用锤敲和用铁棒撬拨，以免配合加工面受损。

（5）径向轴承拆出后，不允许盘转或窜动转子。否则将使密封受到损伤，以致破坏。

（6）拆卸径向轴承、机械密封或浮环密封时，应将转子抬起，使被拆件不受力，避免拉伤零件。

3. 零部件的拆吊要求

（1）拆吊零部件时，必须使用专门的吊具和索具。吊、索具至少需经200%的吊装荷载试验合格。有结合面的应先将被吊件用顶丝顶开，用撬棍拨开或敲击振松。若不动或不全动时应仔细检查所有连接处是否将所有螺栓拆完，严禁强拉硬吊。

（2）起吊要平稳，注意内外、上下、左右、前后等各个方位有无障碍阻挡。

（3）起吊缸盖前，应放置好导向杆。

（4）吊放部位要合理，捆绑要有防护措施，放置要安全，起吊转子时的绑扎位置，应能保持转子水平，且不损伤转子的精加工表面和配合表面，绑扎位置不得位于轴颈处。起吊或就位转子时不允许在止推轴承中装入任何止推瓦块。任何时候都不允许用叶轮来支承转子。

（5）起吊缸盖应保持剖分面水平，或四角与缸体剖分面间的距离相等，并且不得与导杆相卡。起吊过程中，在剖分面间不断垫加木块，以防意外事故损坏机件。

四、离心式压缩机转子组件的检修

（一）外观检查

（1）离心式压缩机转子主轴的轴颈有刻痕、凹坑或圆度、圆柱度及直径公差超过规定，应更换或进行磨光、磨圆后镀铬处理，或按磨后的尺寸配制新瓦。

（2）检查转子轴承轴颈、浮环密封轴颈和轴端联轴器工作表面等部位有无磨损、沟痕、拉毛、压痕等损伤，这些部位的表面粗糙度应达 $Ra0.4$mm。轴上其他部位的表面粗糙度也应达到设计制造图的相应要求。

（3）检查转子上密封工作表面处磨损沟痕的深度应小于0.1mm。叶轮轮盘、轮盖的内外表面、轴衬套表面、平衡表面等原则上应无磨损、腐蚀、冲刷沟槽等缺陷，若为旧转子，所存在的轻微缺陷不应影响转子的性能和安全运行。叶片进出口边应无冲刷、磨蚀和变形。

（4）检查清除叶轮内外表面上的垢层，并注意观察是否为叶轮的腐蚀产物，对可能的腐蚀产物应进行分析，确定腐蚀的来源和性质。

（5）转子中叶轮表面有轻微的痕迹或磨损时，可用砂布打磨至光滑。

(6) 用红丹检查转子联轴器工作表面与联轴器轮毂孔内表面，内孔表面应无拉毛、损伤，轮毂内孔任一径向平面上的径向跳动小于5μm。其接触应达85%以上。

(7) 检查转子上的所有螺纹，丝扣应完好、无变形，与螺母的配合松紧适度。

(8) 检查转子过渡圆角部位，圆角应符合设计尺寸的要求，圆角及其过渡部位应无加工刀痕。

（二）跳动值及间隙的检查

(1) 转子径向跳动的检查　打开大盖后，转子仍放在原来的轴承上，测量时用百分表放在压缩机的水平中分面上进行。转子的轴承位置、联轴器位置、气封位置、叶轮口环位置、平衡鼓位置等所有转子重要的轴颈处都要进行径向跳动值的检测。

(2) 转子轴向跳动的检查　转子轴向跳动接触的部位有联轴器端面、叶轮口环端面、叶轮外缘、平衡鼓端面。

(3) 转子各部分密封间隙的检查　密封间隙包括轴封、隔板处气封、叶轮口环气封、油封。常用的检查方法是用塞尺测量。

（三）尺寸检查

对更换的新转子，除应按前述内容进行检查外，还应检查记录下列尺寸。

(1) 测量转子的总长度、两径向轴颈间的跨度。

(2) 测量联轴器轮毂在轴上空装时，轴头在轮毂内凹入的深度、轴端与联轴器的配合锥度及接触情况、螺纹尺寸。

(3) 检查止推盘工作面至第一级叶轮进口口环处的距离、全部叶轮的出口宽度、各级叶轮的工作叶片数、叶片进出口边的厚度。

(4) 对天然气压缩机高、低压缸的转子和氨压缩机高、低压缸的转子，应检查两动环定位台肩之间的距离，并与旧转子尺寸进行比较，偏差应不超过±1.60mm。

（四）无损探伤检查

(1) 整个转子用着色渗透探伤检查，重点检查键槽、螺纹表面、螺纹根部及其过渡处、形状突变部位、过渡圆角部位、焊接叶轮的焊缝以及动平衡打磨部位等。对怀疑的部位（铁磁性材料）应采用磁粉探伤进一步检查。

(2) 对易于遭受硫化氢侵蚀的天然气压缩机焊接叶轮，特别是焊缝和热影响区，对有可能遭受氨基甲酸铵腐蚀和氢损害的合成气压缩机高压缸叶轮，轴的螺纹部位和轴径变化处，应定期用磁粉探伤法进行检查。

(3) 对在运行中振幅值和相位曾发生无规律变化的转子，应考虑对整个转子轴进行磁粉探伤检查。

(4) 主轴轴颈、轴端联轴器工作表面至少每两个大修周期用超声波探伤检查有无缺陷。

（五）动平衡检查

当发生下列情况之一者，应考虑对转子进行动平衡检查。

(1) 运行中振幅值增大，特别是在频谱分析中发现速频分量较大者。

(2) 运行中振幅值增大，而振动原因不明，或振幅随转速不断增大者。

(3) 转子轴发生弯曲，叶轮端面跳动和主轴径向跳动增大，特别是当各部位跳动的方向和幅值发生较大变化者。

(4) 叶轮沿圆周方向发生不均匀磨损和腐蚀，材料局部脱落者。

(5) 通过临界转速时的振幅值明显增大，且无其他可解释的原因者。

（六）其他检查

（1）转子轴颈处测振部位机械和电气跳动值应不超过 6μm。可将转子支承在缸体上或放在车床上，用千分表和仪表探头在同一部位分别测量。当总的机械电气跳动较大而又不能消除时，应在整定振动报警值时计入其影响，并做好记录。

（2）转子在缸内组装检查，检查各级叶轮出口与扩压器进口中心线对位情况，对中偏差应符合设计图样要求；各轮盖密封应不悬出叶轮口环；两端机械密封组装的工作长度应能满足压缩量要求。

（七）转子上各零件的拆卸

转子上各种旋转零件都是用过盈热装法装到主轴上的，所以拆卸时，也应该用热拆法来拆。现在仅就叶轮讲述拆卸过程。

拆卸叶轮时，一般必须将转子安置在专门的台架上，并装上拆叶轮的拉力器，初步拧紧顶丝，而后开始加热叶轮。

根据叶轮热装时过盈量和叶轮的大小，选择不同型号的焊嘴对叶轮进行加热，通常加热到 150℃左右。加热应先从叶轮外圆开始，逐渐向轮毂根部移动。前后两侧最好同时加热。也可用 4～6 个喷灯加热，边加热边旋转，力求各处温度均匀，而轴则尽量少受热。加热到规定温度后，叶轮与轴已有间隙，就可以拧紧顶丝将叶轮卸下。

（八）转子的装配

1．转子装配前的准备工作

离心式压缩机转子上各个旋转零件，多数是用过盈热装法装在轴上的，其共同的准备工作如下。

（1）检查各旋转零件的内孔尺寸与主轴外径尺寸是否符合图纸要求。

（2）准确地确定各装配的位置，清除各内孔的杂质和轴外径表面的污物。

（3）检查并清除键的表面缺陷，如压痕、毛刺、裂痕，对楔形键还应检查其斜度与装配件接合面的斜度是否一致。

（4）将内卡钳事先调好尺寸，使其分别成为各内孔加热后的尺寸。

（5）计算好各旋转零件加热所需的压装力。在用过盈热装法装配叶轮、轴套、平衡鼓、推力盘等零件时，压装力可以采用简易计算法进行计算。

2．转子各零部件的装配

（1）叶轮的装配　叶轮以过盈热套在主轴上并用键与主轴连接，用来传递扭矩并防止叶轮在意外情况下转动，为了保持转子的平衡，叶轮的键呈 180°。叶轮与轴的配合，一般规定为二级精度静配合。装配时，将主轴垂直放置，下端固定，用乙炔火焰将叶轮内孔均匀加热，并用事先调好尺寸的卡钳来检查，当内孔受热膨胀尺寸比过盈值大两倍以上或比主轴外径大 0.3～0.5mm 时，迅速将叶轮套在轴上，并使其靠紧轴肩，随后用压缩空气吹冷轴肩及叶轮轮毂接合处，最后再吹冷其他部位使叶轮孔径收缩，从而和主轴固定在一起。为了固定叶轮的轴向位置，一般采用轴套来固定。为了保持主轴的平衡，叶轮轮毂上拧入的销钉重量应相等，位置要对称，并为了防止脱落，造成叶轮松动，应用样冲冲死或封死。

（2）轴套的装配　轴套的作用是保证叶轮在轴上有固定位置，并且可以保护主轴免受机械、化学作用而损伤和腐蚀，轴套上常车有齿径梳齿，作为主轴通过隔板处的气封。

轴套的装配采用过盈热装法。由于轴套受热后轴向尺寸要膨胀，因此轴套与轴肩之间都留有 0.15～0.30mm 的间隙，否则受热膨胀时，会产生温度应力，使轴变形。

（3）平衡鼓的装配　离心式压缩机的平衡鼓也称平衡活塞，用来平衡转子的轴向力。平衡鼓也用过盈热套法来装配，同样用乙炔火焰均匀进行加热，使其热膨胀到规定尺寸，然后迅速套在主轴上所规定的位置。为了固定平衡鼓的轴向位置，一般在平衡鼓冷却后，修配两半圆环，使其固定在轴上的槽中，然后把卡环加热，使其内径大于半圆环的外径，热套装配到半圆环上，待冷却后即成为固定在轴上的凸肩，防止平衡鼓的轴向位移。

(4) 推力盘的装配　推力盘用来承受部分轴向力，它也是用热装法进行装配的。可用乙炔火焰或用机油加热，当推力盘内径加热膨胀到规定值时，将其压入轴上指定的位置，冷却后即可。

(5) 联轴器的装配　离心式压缩机常用的联轴器通常为挠性联轴器，联轴器两转子连接端各套装一个齿轮，齿轮与轴采用热装法，并用两只键对称装配，最后用锁紧螺母将其固定。装配后要严格检查各个联轴器轮端面和主轴中心线的垂直度以及联轴器外圆和主轴中心的同轴度，使其符合图纸规定。

3. 转子装配精度的检查

转子上各个旋转零部件装配在主轴上后，应检查转子的装配质量，按照转子的检查方法进行检查。

五、气缸与隔板的检修

1. 气缸体检修技术要求

(1) 清扫缸体内外表面，检查机壳应无裂纹、冲刷、腐蚀等缺陷。有疑点时，应进一步采用适当的无损探伤方法进行确认检查。

(2) 空缸扣合，打入定位销后紧固 1/3 中分面螺栓，检查中分面结合情况，用 0.05mm 塞尺检查应塞不进，个别塞入部位的塞入深度不得超过气缸结合面宽度的 1/3。

(3) 缸体导向槽、导向键清洗检查，应无变形、损伤、卡涩等缺陷，间隙符合标准要求。

(4) 认真清扫气缸锚爪与机架支承面，该面应平整无变形，清洗检查缸体紧固螺栓和顶丝，丝扣应完好。锚爪与紧固螺栓之间预留的膨胀间隙应符合要求。

(5) 缸体中分面平整，定位销和销孔不变形，中分面无冲蚀漏汽及腐蚀痕迹。中分面有沟槽缺陷时，可先用补焊填平（一般用银焊或铜焊），然后根据损伤面积和部位确定修理方法。对小面积表面缺陷，可用手工挫、刮修整；对大面积或圆弧面，用车、镗才能保证修整质量。

(6) 水平剖分气缸常因时效处理欠佳，在自由状态下剖分面间出现较大间隙。间隙值若小于 0.3mm，或拧紧 1/4 气缸螺栓后间隙消除，可不进行处理，只需按装配要求拧紧缸盖螺栓。若缸体变形很大，影响密封和内件装配时，应进一步空缸装配检查，视情况制定具体检修方案。

(7) 为保证运行安全，对气缸应定期进行探伤检查，通常采用着色法对内表面进行探伤。对气缸机壳应定期进行水压试验检测。若裂纹深度小于缸壁厚的 5%，在壳体强度计算允许、不影响密封性能的情况下，用手提砂轮将裂纹打磨除去，可不再处理。除此之外的裂纹，都应制定方案进行补焊或更换。

(8) 检查所有接管与缸体焊缝，应无裂纹、腐蚀现象，必要时进行无损探伤检查。缸体各导淋孔干净畅通，并用空气吹扫，以防堵塞。

(9) 中分面连接螺栓探伤检查，若有裂纹或丝扣损伤等缺陷，必须更换。

(10) 检测气缸与轴承座的同轴度，气缸中心线与轴承中心线应在同一轴心线上，其同轴度偏差不大于 0.05mm。

2. 隔板检修技术要求

(1) 清洗检查隔板，应无变形、裂纹等缺陷，所有流道应光滑平整，无气流冲刷沟痕。若有严重气流冲刷沟痕，应采取补焊或其他方法消除。每次大修对隔板均应进行无损探伤检查。

(2) 隔板上、下剖分面光滑平整、配合紧密、不错口，用 0.10mm 的塞尺应塞不通。各沉头螺钉完好无损。

(3) 隔板与气缸上隔板槽的轴向、径向配合应严密不松动。

(4) 检查各级叶轮气封和平衡盘气封，应无污垢、锈蚀、毛刺、缺口、弯曲、变形等缺陷，气封齿磨损、间隙超标者应更换。各级气封套装配后无过松或过紧现象，固定气封套的各沉头螺钉完好无损。

(5) 检查两端气封应无冲蚀、缺口、变形、腐蚀等缺陷，气封齿磨损、间隙超标者应更换。气封装配要求松紧适宜。

(6) 气封两侧间隙用塞尺测量，两侧气封侧隙之和即为水平方向气封间隙；吊出转子，在下半缸底部气封处放入铅丝，再将转子放入原来位置。在上半缸顶部密封范围内也放入铅丝，之后将上半缸扣上，上紧部分螺栓。然后吊开上半缸及转子，测量同一密封处上、下铅丝厚度，上、下铅丝厚度之和即为垂直方向气封间隙。

(7) 检查轴承座与下半缸体的连接螺栓应无松动。

(8) 当出现各级气封偏磨，经检查若发现是由于缸体变形或个别隔板、个别定位槽加工误差引起的某级隔板不同心且偏心小于该处直径间隙的 1/3 时，允许修刮该密封进行补偿，否则应视具体情况制定方案处理；当全部密封出现有规律性的偏磨，经找中心证明是由于轴承座松动变形引起时，则应对轴承座的位置进行调整。

六、增速箱的检修

1. 箱体检修技术要求

(1) 增速箱上、下半箱体的中分接合面应密合，上紧中分面螺栓，用 0.05mm 塞尺沿整周不得塞入，个别塞入部位处的塞入深度不得大于密封宽度的 1/3，沿整周不得有贯穿接合面的沟槽。

(2) 下半增速箱用煤油进行渗漏检查，不得有漏油、浸油。

(3) 当检修中发现齿轮啮合线歪斜、啮合不良、齿面磨损、运行中噪声增大时，应用精密假轴检查两齿轮轴的平行度，其平行度偏差在 0.025mm 以内，中心距极限偏差不得超过 0.10mm。平行度误差在 0.10mm 以内时，可结合修刮轴承进行处理，否则应制定处理方案或更换齿轮箱。

(4) 两齿轮轴在箱内用水平仪检查齿轮轴的扬度，两齿轮轴的扬度方向应相同。

(5) 下半箱体在充分上紧地脚螺栓的情况下，检查箱体水平结合纵、横向水平，并使其在 0.02mm 以内。

2. 齿轮检修技术要求

(1) 大、小齿轮齿面无磨损、胶合、点蚀、起皮、烧灼等缺陷，缺陷严重时更换齿轮。

(2) 齿轮轴轴颈无磨损和其他损伤，轴颈的圆柱度和圆度偏差均在 0.015mm 以内。

(3) 轴端联轴器工作表面无沟槽、划痕、裂纹等缺陷。

(4) 齿轮进行着色探伤检查。

(5) 当运行中出现原因不明的振动增大，而无其他原因可寻时，应对齿轮连同联轴器进行动平衡，动平衡精度应使齿轮的质量不平衡偏心小于 0.5μm。

3. 组装技术要求

(1) 用压铅法检查大、小齿轮啮合侧的侧隙、顶隙。

(2) 用着色法对齿面进行接触检查，沿齿宽方向的接触应达85%，沿齿高方向的接触应达55%，接触印痕均匀。

(3) 检查齿轮轴颈与径向轴承下半瓦的接触情况，在下半瓦底部60°范围内的接触应达80%以上，下瓦侧间隙对角偏差用塞尺检查不得超过0.05mm。

(4) 检查止推轴承间隙，超差时应更换轴承，两侧止推工作端面的接触检查达80%以上，上、下半轴承扣合后检查中分端面不得错口，止推轴承间隙不减小。

(5) 齿轮箱组装完毕，沿工作方向盘动大齿轮应转动灵活，窜动大齿轮检查止推轴承间隙应与扣盖前相一致。

(6) 喷油嘴安装位置正确、牢固，喷嘴方向和位置符合润滑要求，喷嘴畅通。

七、轴承的检修

离心式压缩机上有径向轴承和止推轴承两种轴承。径向轴承是支承转子并保持转子处于一定的径向位置，使转子在其中正常旋转；止推轴承用于承受轴向力，并使转子与机壳、扩压器、轴向密封等部件之间有一定的轴向位置。止推轴承一般安装在转子的低压端。

离心式压缩机目前广泛采用的是动压轴承，所以仅就离心式压缩机上的径向轴承和止推轴承所采用的动压轴承的工作原理及结构简单介绍如下。

(一) 径向轴承

径向轴承的主要作用是承受转子的重量以及转子的振动，固定转子与机器不动部分的径向位置。

1. 轴承的要求

轴承应具有足够的刚性和强度。轴承孔内表面应有适当的配合形状和配合间隙。轴承孔摩擦面应浇铸耐磨合金层，以减少摩擦损失和增加轴承的耐磨性。轴承供油应保证有足够的油量，以供润滑和带走摩擦所产生的热量。轴颈的全部工作长度应与轴瓦的表面完全接触。

目前采用的径向轴承有五油楔可倾瓦轴承，如图3-6所示。

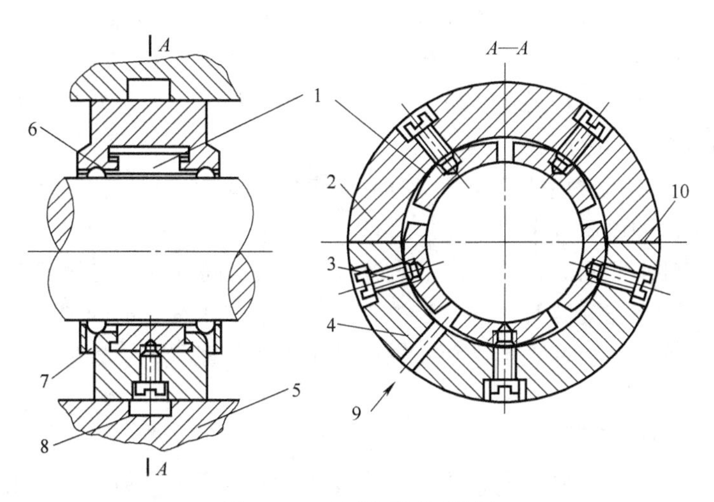

图3-6　五油楔可倾瓦轴承

1—活动瓦块；2—上轴瓦壳体；3—定位螺钉；4—下轴瓦壳体；5—轴承座；6—油封；7—排油孔；8—进油道；9—进油孔；10—对开缝

2. 瓦块的修配

准备一根与转子轴颈尺寸相同的心轴，表面涂上一薄层红丹油，然后用刮刀把瓦块瓦面四周倒圆，将其安置于心轴上，用手轻轻地往复转动配研。若接触不均匀，可用刮刀修刮高点，直至均匀接触。

在瓦块背面的轴向中心（即理论上的摇摆支点）画一直线，用千分尺沿该直线测量瓦块的厚度。若厚度不均匀，可用细锉刀沿瓦背所画线上的高凸处轻轻锉削，直至厚度相同。要求同一组瓦块厚度偏差应在0.01mm以内，并将其实际厚度写在瓦背上待装。

3. 轴承间隙的测量

测量轴承间隙一般有三种方法：抬轴法、压铅法和量棒检验法。

（1）抬轴法　把轴颈放在可倾瓦轴承的下瓦上，分别将两块百分表定于轴颈和轴承体上，调好指针预压量，用抬轴器具抬起轴，保证轴承体上百分表计数不动，则轴颈上百分表的最大计数即为轴承实际间隙。

（2）压铅法　把轴颈放在可倾瓦的下瓦上，在上面瓦块与轴颈之间放入软铅丝，用螺栓紧固上、下轴承体。取出铅丝，测量其厚度，即可按相关公式计算出轴承的间隙。

（3）量棒检验法　对每一轴承制取若干个尺寸的量棒，其直径为D，轴径的直径为d，则$D=d+$轴承间隙。

4. 轴承的装配

把轴承体、油封环的毛边及污锈清理干净，并用清洗剂洗净并吹干，然后装上一侧的油封环（注意排油孔、仪表探测孔的位置）。油封环与轴承体止口配合定位，螺钉紧固，回装瓦块，再装另一侧油封环。

（二）止推轴承

止推轴承的作用是承受转子的轴向推力，并保持转子与固定元件间的轴向间隙。常用的止推轴承有浮动叠块式止推轴承（也称金斯伯雷止推轴承）、金斯伯雷双面止推轴承、径向止推轴承等。

1. 轴承的要求

（1）离心式压缩机运行时，绝不允许转子发生轴向移动，所以要正确选用轴承的结构，正确选择受力零件的材料，并且保证轴承各零件在轴向相互贴紧。

（2）转子推力盘及其相接触的止推块面必须严格平行，且两接触表面必须严格垂直于轴的中心线，使轴向力均匀分配在止推块上。

（3）为使止推盘和止推块的接触面上具有一定的耐磨性，在止推盘和止推块的接触面上都分别浇铸一定厚度的巴氏合金。

金斯伯雷止推轴承如图3-7所示，止推盘与止推块之间具有一定的间隙，且止推块可以摆动。当止推盘随轴高速旋转时，润滑油被带入止推盘与止推块的间隙中，从而产生油压来平衡轴向力，同时形成油膜使止推盘和止推块处于液体摩擦状态，以减少其摩擦，保证止推轴承正常运行。

2. 瓦块的检查与修配

（1）根据瓦块表面工作痕迹是否相等，检查瓦块的负荷是否均匀，以进一步查找原因。

（2）测量轴承合金表面磨损或电腐蚀量的大小，瓦块的磨损都是从出油侧开始的，并逐渐向进油侧发展，形成一个倾斜面。测量时将瓦块轴承合金表面朝上摆平，使其背部的支承面与平板全部接触。分别检测合金面的不同区域，其最大计数差，即为实际的磨损或腐蚀量。

（3）检查轴承合金有无夹渣、气孔、裂纹、剥落和脱壳现象，可以考虑用放大或者探伤方法，以便发现微裂纹。一经发现以上缺陷，则必须更换瓦块。

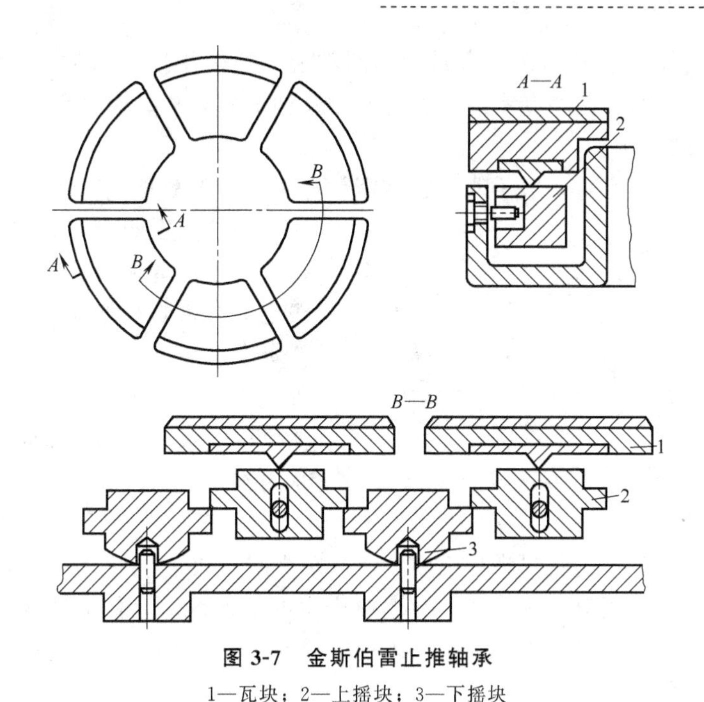

图 3-7 金斯伯雷止推轴承

1—瓦块；2—上摇块；3—下摇块

(4) 用外径千分尺或百分表检查各瓦块的厚度，要求各瓦块厚度差不大于 0.01mm 或满足图纸设计要求。

3. 轴承的装配技术要求

(1) 按压各瓦块，看相邻瓦块是否活动，以确认其补偿性能和均载性能。

(2) 检查主推和副推安装位置和方向是否正确（两者油楔方向相反）。

(3) 确认轴承的防转销安装到位，以防机器运转中轴承转动。

(4) 检查轴瓦油封环间隙，若间隙过大，则必须调整间隙或更换油封。

(5) 检查轴承推力间隙，根据需要，调整或重新加工其调整垫片。

(6) 检查瓦壳结合面定位销子是否由于反复拆卸而松动。

4. 轴承间隙的测量与调整

测量轴向间隙，可用百分表固定于静止件上，测量杆轴向顶在转子某一端面，模拟工作状态，盘动转子并前后窜动到极限位置，两者的计数差，即为冷态实际的轴向间隙。测量过程中，注意如下几点。

(1) 用专用推（拉）轴工具来推（拉）动转子时，注意用表监视轴承壳体是否移动，否则，影响测量结果。

(2) 用推（拉）轴工具来推（拉）动转子时，不能用力过大，防止金属弹性变形带来的虚假计数。

(3) 轴向间隙的测量必须在推力轴承完全装配好以后进行，才能确保真实可靠。

推力轴承轴向间隙的允许值与轴瓦的结构类型有关，金斯伯雷推力轴承间隙一般为 0.25～0.40mm，如果间隙不合适，可采取增加或减少非工作侧（副推）方向调整垫片厚度的方式来调整。

八、密封装置

在离心式压缩机中，为了阻止级与级之间、机内与机外之间气体的泄漏，必须采用密封装置。在级与级之间一般采用迷宫密封，在两轴端一般采用迷宫密封、充气密封、水环密封、油膜密封、浮环密封及圈套密封等。下面对几种常用的密封结构及工作原理作一简介。

（一）迷宫密封

迷宫密封也称梳齿密封，属于非接触型密封，主要用于密封气相介质，这种密封是一种比较简单的密封装置，目前在离心式压缩机上应用较普遍。迷宫密封一般用于级与级之间的密封，如轮盖与轴的内密封及平衡盘上的密封，如图3-8所示。端部的密封是为了减少外界空气经端部向机器内的泄漏（如吸入端为负压时），以及防止气体从内部向外部泄漏。

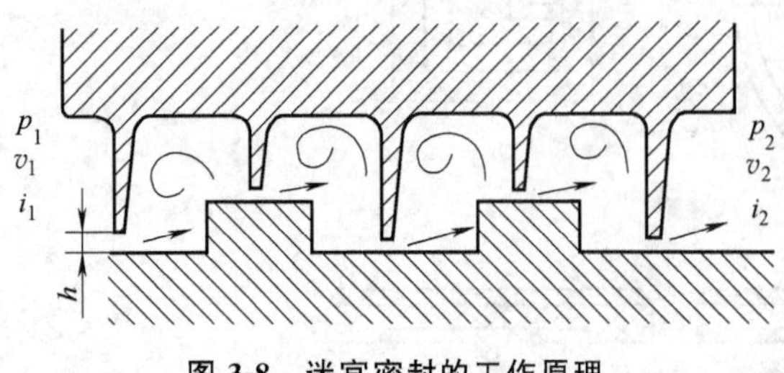

图3-8 迷宫密封的工作原理

1. 工作原理

迷宫密封由一组环状的密封齿片组成，齿与轴之间形成了一组节流间隙与膨胀空腔。气体流经各个环形的齿顶间隙时，由于黏性摩擦产生的节流效应，使流速减缓，漏泄量降低。当气体流经各个膨胀空腔时，则会产生一系列等焓热力学过程，使流速和流量进一步降低，密封效果进一步增强。

2. 结构特点

迷宫密封按结构形状分为平齿型、高低齿型、阶梯型。按布置方向分为轴向迷宫密封和径向迷宫密封。按密封齿的结构分为迷宫片和迷宫环及斜齿和直齿。

迷宫密封的密封齿结构型式有密封片和密封环两种，如图3-9所示。密封片式的主要特点是：结构紧凑，相碰时密封片能向两旁弯折，减少摩擦；拆换方便；但若装配不好，有时会被气流吹倒。密封环式的主要特点是：轴与环相碰时，齿环自行弹开，避免摩擦；结构尺寸较大，加工复杂；齿磨损后要将整块密封环调换，因此应用不及密封片结构广泛。

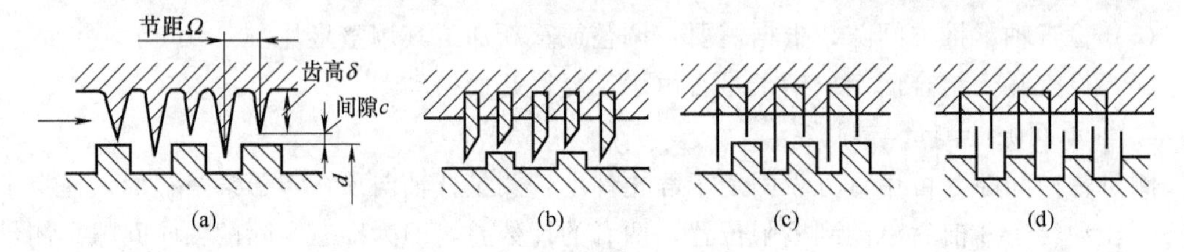

图3-9 迷宫密封齿

3. 检修装配

（1）清洗、检查各零部件，并测量各配合尺寸，测出密封部位的轴向定位基准尺寸，密封片、密封环的径向尺寸，看其是否符合要求，并做好记录。

（2）每台机组用密封块的数量可能不止一个，组装时不可搞错位置。

（3）弹簧片的材质因使用温度不同而不一样。

（4）在组装工作中除应注意气封块要对号组装外，对于不是对称的高低齿气封块，应注意不要装反。

（5）气封块与槽道的配合为动配合d9或d10，若配合过紧，应用锉刀仔细修锉，不允许强行打入槽内。

（6）为了使气封块具有自动调整间隙的性能，弹簧片不应过硬。

（7）在拆装及起吊过程中，注意气封齿被碰撞打坏，多次撞倒反复平直，会使根部断裂损坏，需特别小心。

（8）削尖气封齿应在漏出气的一侧刮削，并且特别注意尽量避免在齿尖刮出圆角，齿尖厚度不大于 0.5mm 为宜。

（9）测量调整轴向、径向间隙。

（二）浮环密封

1. 结构

浮环密封如图 3-10 所示。密封由几个浮动环组成，高压油由进油孔 12 注入密封体，然后向左右两侧溢出，左侧为高压侧，右侧为低压侧，流入高压侧的油通过高压浮环、挡油环 6 及甩油环 7，由回油孔 11 排出。因为油压一般控制在略高于气体的压力，压差较小，所以向高压侧的漏油量很少。流入低压侧的油通过几个浮环后流出密封体。因为高压油与大气的压差较大，因此向低压侧的漏油量是很大的。浮环挂在轴的轴套 5 上，在径向是活动的。浮环与轴套的间隙很小，内侧环相对间隙为 $\delta_1/D=(0.5/1000)\sim(1/1000)$，外侧环相对间隙为 $\delta_2/D=(1/1000)\sim(1.5/1000)$，内侧环较外侧环的间隙小。当轴转动时，浮环被油膜浮起，为防止浮环转动，一般用销钉 3 来控制，这时所形成的油膜将间隙封闭，以防止气体外漏。

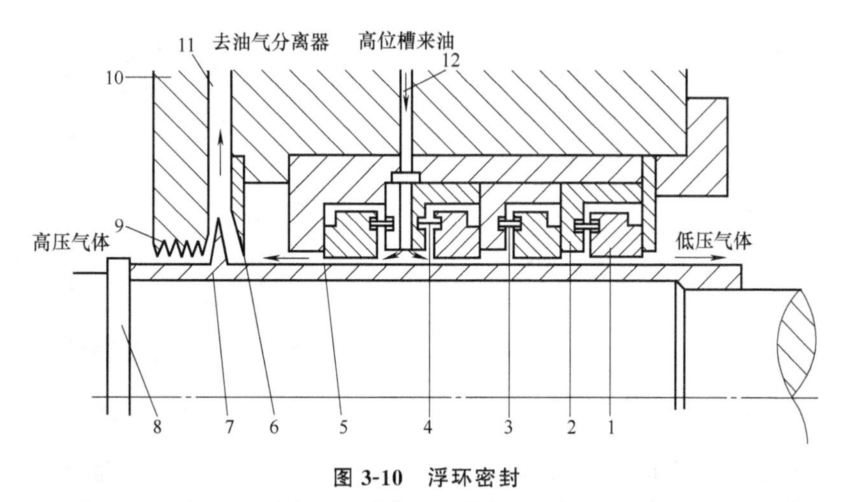

图 3-10　浮环密封

1—浮环；2—固定环；3—销钉；4—弹簧；5—轴套；6—挡油环；7—甩油环；8—轴；9—迷宫密封齿；10—密封；11—回油孔；12—进油孔

浮环密封主要是高压油在浮环与轴套之间形成油膜而产生节流降压阻止机内与机外的气体相通。由于是油膜起主要作用，所以又称为油膜密封。密封液体的压力应严格控制在比被密封气相介质压力高 0.05MPa 左右。

为了装配方便，一般做成几个 L 形固定环，浮环就装在 L 形固定环的中间。因为压差小，高压环一般只采用 1 个；而低压环因压差大，一般采用几个。为了使浮环与 L 形固定环之间的间隙不太大，用弹簧将浮环压平。

2. 检修与装配要求

浮环密封零部件制造和安装精度要求都很严格，为了保证密封件正常运行，检修装配时必须做到以下几点。

（1）浮环尺寸必须符合要求，其端面的表面粗糙度与平直度在允许范围内，内孔表面粗糙度与圆度也在允许范围内。尤其是浮环密封的轴衬表面粗糙度精度低，长时间磨损使间隙增大，应更换浮环。

（2）轴或轴套的表面粗糙度、硬度、圆度与精度均符合要求。

（3）与浮环接触的密封盒按图纸要求进行加工，并校对其尺寸。

（4）其他方面的要求可参照机械密封装配的有关规定。

（5）浮环注意方向，切忌装反。浮环在装配稳定时，应注意浮环是否能上下自由滑动，仔细检查浮环端面的对中附件O形环断面直径、轴向间隙及销子是否装正。

（三）干气密封

干气密封是一种新型的无接触轴封，用于密封旋转机器中的气体或液体介质。与其他密封相比，干气密封具有泄漏量少、磨损小、寿命长、能耗低、操作简单可靠、维修量低、被密封的流体不受油污染等特点。因此，干气密封已经成为压缩机正常运转和操作可靠的重要元件，随着压缩机技术的发展，干气密封正逐步取代浮环密封、迷宫密封和油润滑密封。

1. 结构

典型的干气密封结构包含静环、动环组件（旋转环）、副密封O形圈、静密封、弹簧和弹簧座（腔体）等零部件，如图3-11所示。静环位于不锈钢弹簧座内，用副密封O形圈密封。弹簧在密封无负荷状态下使静环与固定在转子上的动环组件配合。

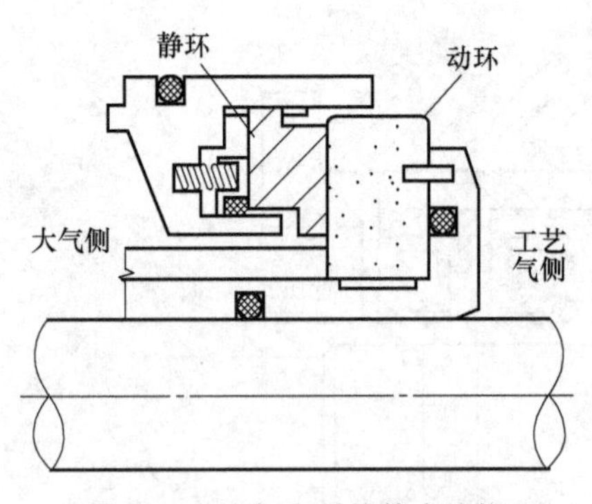

图3-11 干气密封的基本结构

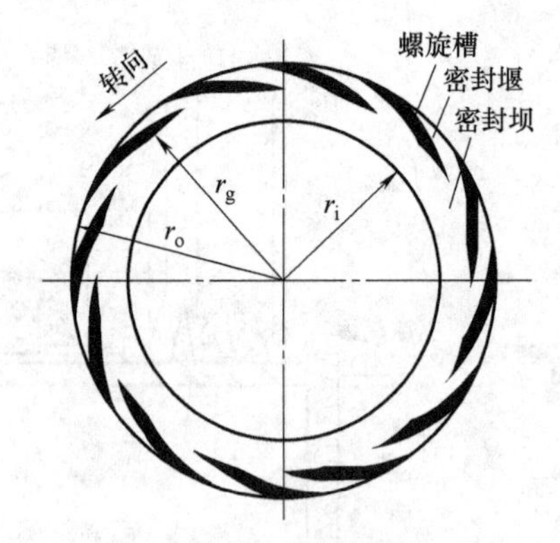

图3-12 密封端面

干气密封和普通机械密封的区别在于在动环（硬环）面上刻有螺旋槽（见图3-12），旋转起来密封端面上产生流体动压，所以也称动压槽。凹槽的深度只有几个微米。在槽之间的平台称为密封堰，它阻止了气体圆周方向的流动，可加大升压作用。在槽的内径（r_g）和动环内径（r_i）之间称为密封坝，它能保证螺旋槽产生足够的压力，还能保证密封在静止时不产生泄漏。凹槽可以是单向的（只适用于单向轴旋转），也可以是双向的。单向的有较高的流体动压能力和气膜稳定性。其原因有两个：第一，多数起作用的凹槽可以配置在端面上；第二，在双向密封中，一部分凹槽具有相反的作用，反而降低了局部气体压力。

干气密封根据介质的种类和压力的不同采取不同的布置，有单端面密封、双端面密封、串联密封、带迷宫密封的串联密封。

2. 维修技术要求

干气密封的拆卸与安装必须严格按规定步骤进行；每次检修应更换全部的O形圈，视情况更换补偿环；拆卸和安装干气密封时必须在密封体外侧安装定位板，当密封体就位后拆除定位板；干气密封动、静部件之间允许的轴向位移量为±2.5mm，径向位移量为

±0.6mm；动环表面螺旋槽的深度为（9±1）μm；动环工作面的平面度≤0.0005mm，平行度≤0.003mm；静环工作面的平面度≤0.0005mm，平行度≤0.01mm。

【任务实施】

一、工具和设备的准备

（1）离心式压缩机装置，压缩机的主要零部件。

（2）常用的拆卸工具、测量工具、钳工工具等。

（3）试车验收标准的说明资料。

二、任务实施步骤

（1）根据检修任务单，确定检修工作内容。

（2）根据工作内容制定检修预案。

（3）针对压缩机的型式和检修内容实施检修。

【知识拓展】

机组的对中找正

一、机组转子不对中的几种形式

在机组安装和检修后，通过调整各转子高低和左右位置，以使机组达到在运行中各转子中心线构成一根连续无折点的平滑曲线，即在运行中相邻的联轴器轮毂轴线重合、端面平行，这个调整过程就称机组的对中找正。

机组转子不对中的形式主要有三种（以垂直方向为例）：单纯角度不对中［见图 3-13 (a)］；单纯径向不对中［见图 3-13 (b)］；既有角度不对中又有径向不对中［见图 3-13 (c)］。

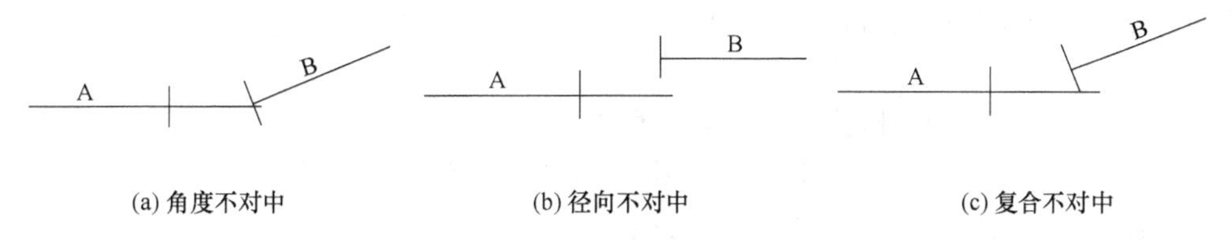

图 3-13　转子不对中的几种形式

二、找正的几种方法

常用的找正方法有两表法、三表法和单表法，单表法用于联轴器长度与联轴器轮毂外径的比值相对较大的情况，三表法用于联轴器长度与联轴器轮毂外径的比值相对较小的场合。两表法主要用于滚动轴承支承的机组中。

1. 三表法找正

三个千分表的安装如图 3-14 所示，A、B 分别代表驱动机和压缩机的转子，测端面用两个千分表，是为了消除转轴在回转时产生窜动的影响。在测量时，两转子应在同方向转动同一个角度，这样使测量点基本在同一位置，可以减少由于零件制造误差

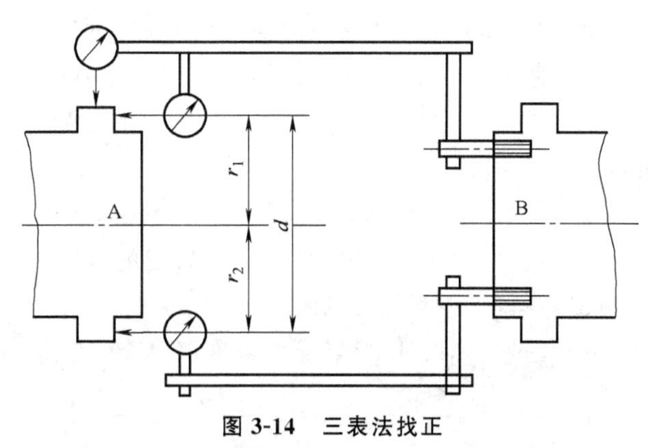

图 3-14　三表法找正

（如联轴器轮毂不圆、联轴器轮毂同主轴偏心及歪斜等）而带来的测量误差。端面两千分表测点距轴中心线距离应相等，即 $r_1=r_2$，并尽可能使两表测点间的径向距离 d 大一些，以提高找正精度。找正步骤如下。

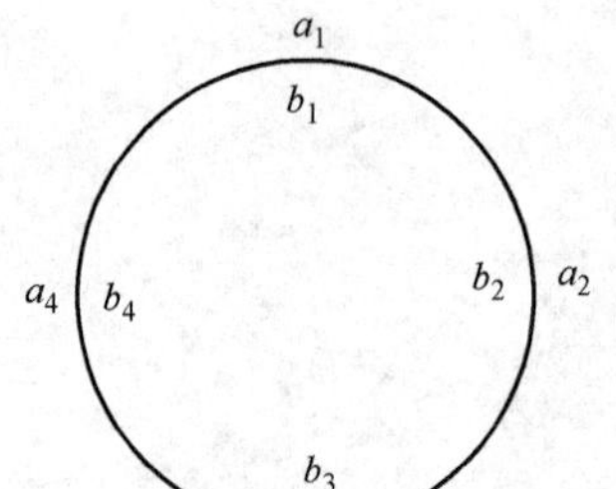

图 3-15 测量位置及读数

（1）把千分表装好后试转一圈，检查径向千分表指针应回原位，端面千分表指针回原位或两表变化相同。

（2）把 B 转子转 90°，然后 A 转子也同向转 90°，停下来记录各千分表读数，依次记入圆表上，如图 3-15 所示，表上箭头方向表示旋转方向，并标明表架在 B 转子上，测 A 转子联轴器轮毂。每转 90°记录一次。径向表值直接记为 a_1、a_2、a_3、a_4，端面带径向表为主表，不带径向表为副表，（主表值－副表值）/2 得数记为 b_1、b_2、b_3、b_4。

（3）复核测量数据，应符合下列要求：0°与 360°处外径千分表读数应相同；$a_1+a_3=a_2+a_4$；$b_1+b_3=b_2+b_4$。

如果误差较大，要检查表架、盘车方式、表精度是否存在问题并排除。以上检验合格后，即可对数据进行进一步处理。

$$\begin{cases}\nabla 前=(a_1-a_3)/2+(b_1-b_3)L_1/D \\ \nabla 后=(a_1-a_3)/2+(b_1-b_3)L_2/D\end{cases} \tag{3-1}$$

此公式为正打表：表在 B 轴上→A 轴。A 轴不动，调整 B 轴。

$$\begin{cases}\nabla 前=(a_1-a_3)/2+(b_3-b_1)L_1/D \\ \nabla 后=(a_1-a_3)/2+(b_3-b_1)L_2/D\end{cases} \tag{3-2}$$

此公式为反打表：表在 B 轴上→A 轴。B 轴不动，调整 A 轴。

式中 ▽前——驱动机前支脚调整量，mm；

▽后——驱动机后支脚调整量，mm；

L_1——驱动机前支脚到半联轴器测量平面间的距离，mm；

L_2——驱动机后支脚到半联轴器测量平面间的距离，mm；

D——联轴器的计算直径（考虑到中心卡测量处大于联轴器直径的部分），mm。

无论正、反打表，▽前、▽后得数均为：正值减垫，负值加垫。

水平方向对中方法与垂直方向相似，水平方向调整通过顶丝使设备横向移动来实现。

2. 单表法找正

架表方法如图 3-16 所示。单表法找正步骤如下。

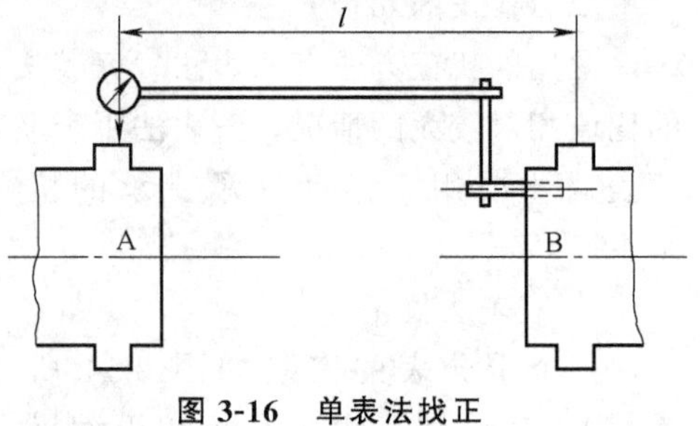

图 3-16 单表法找正

（1）把表架在 B 转子上，转动转子，依次记下 A 转子在 0°、90°、180°、270°四位置上的读数，如图 3-17 所示。

（2）把表架在 A 转子上，转动转子，依次记下 B 转子在 0°、90°、180°、270°四位置上的读数，如图 3-17 所示。

（3）两转子相互位置判断。

分析垂直方向：以 B 转子为基准测 A 转子时，两转子的同轴度为

$$a_3'=\frac{a_1-a_3}{2}=\frac{0-(-0.508)}{2}=0.254\text{mm}$$

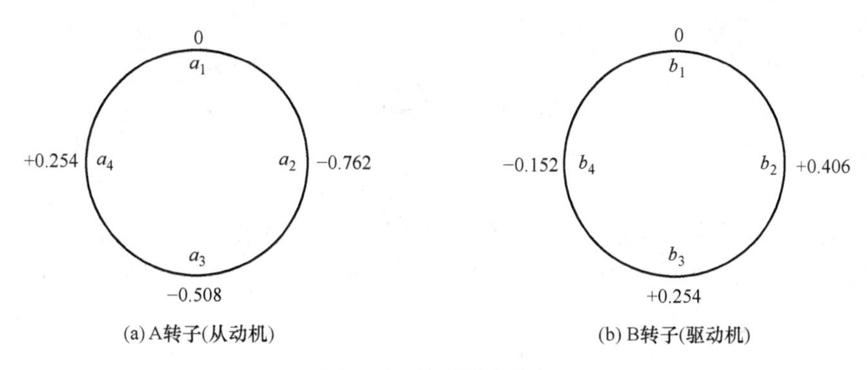

图 3-17　转子测点读数

按三表对中法的径向位置判断标准，说明在 A 转子测量面上，B 转子比 A 转子低 0.254mm。

以 A 转子为基准测 B 转子时，两转子的同轴度为

$$b_3'=\frac{b_3-b_1}{2}=\frac{0.254-0}{2}=0.127\text{mm}$$

按三表对中法的径向位置判断标准，说明在 B 转子测量面上，A 转子比 B 转子高 0.127mm。

分析水平方向：

$$a_2'=\frac{a_4-a_2}{2}=\frac{0.254-(-0.762)}{2}=0.508\text{mm}$$

$$b_2'=\frac{b_2-b_4}{2}=\frac{0.406-(-0.152)}{2}=0.279\text{mm}$$

可判断出在 A 转子测量面上 B 转子偏向 a_2 方向 0.508mm，在 B 转子测量面上 A 转子偏向 b_4 方向 0.279mm。A、B 转子相互位置如图 3-18 所示。

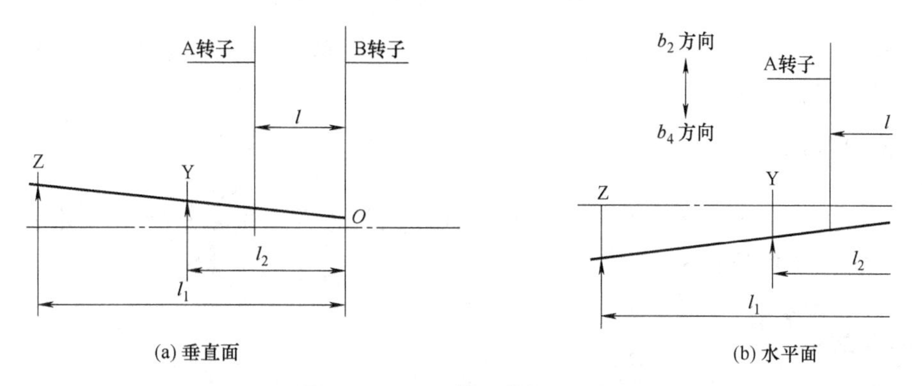

图 3-18　A、B 转子的相互位置

(4) 调整量的计算。在图 3-18 中，$l_1=1800$mm，$l_2=600$mm，$l=300$mm，以 B 转子为基准调整 A 转子。以垂直方向为例计算如下。

首先以点 O 为固定点使 A 轴下转，消除角度不对中，由相似三角形原理得

$$z_\text{m}=\frac{(a_3'-b_3')l_1}{l}=\frac{(0.254-0.127)\times1800}{300}=0.762\text{mm}$$

$$y_\text{m}=\frac{(a_3'-b_3')l_2}{l}=\frac{(0.254-0.127)\times1800}{300}=0.254\text{mm}$$

为实现两转子垂直方向对中，A 转子还需平行下移 $b_3'=0.127$mm。

所以综合考虑结果如下：

Y 支脚下应取垫片为

$$0.254+0.127=0.381\text{mm}$$

Z 支脚下应取垫片为

$$0.762+0.127=0.889\text{mm}$$

水平方向对中计算方法与垂直方向相似。可用格尺或比例纸绘制比例图，如图 3-19 所示。长度和高度可选用不同单位和比例，0.889mm 与 0.381mm 可直接用尺量取，不用计算。

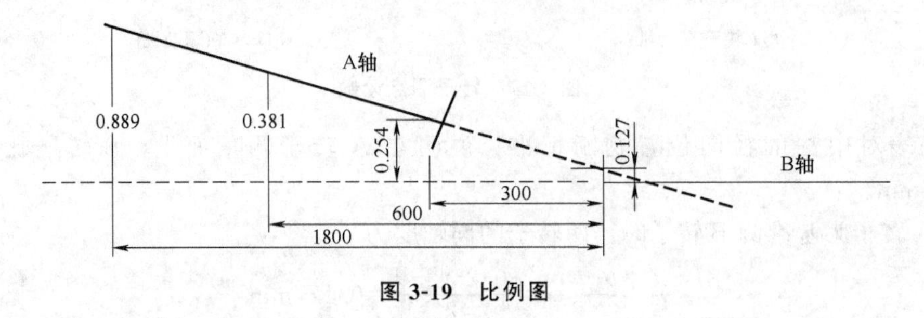

图 3-19　比例图

机组各转子间对中找正，原则上应以最重的或运行中热膨胀影响最小的机器为找正的基准；如有齿轮增速器，则一般应以增速器为基准；如果只有一个或两个压缩机气缸和汽轮机，一般以汽轮机为基准来调整其他缸体位置，以达到对中要求。

任务三　离心式压缩机的运行与维护

【任务描述】

对新安装或检修完的压缩机进行试车检查，以确定其性能，对于运转中的压缩机，掌握其调节方法和日常维护内容。

【任务分析】

任务的完成：了解压缩机试车的内容、步骤和过程，压缩机运行调节的要求和方法，压缩机运行中的日常维护过程。

【相关知识】

一、离心式压缩机的试车

以 DA350-61 型离心式空气压缩机机组为例介绍其试车。

1. 机组试车的目的

(1) 检验和调整整个机组的技术性能，解决设计、制造和安装过程中存在的问题。

(2) 检验和调整机组各部分的运动机构，使其达到良好的跑合。

(3) 检验和调整机组电气、仪表自动控制系统及其附属装置的正确性与灵敏性。

(4) 检验机组的振动情况，固定机组和管路的振动部分。

(5) 检验机组润滑系统、冷却系统、工艺管路系统及附属设备的严密性，并进行吹净。

2. 机组试车的步骤

(1) 润滑系统的试车　润滑系统内部的清洁是保证机组正常运转的首要条件，因此在正式试车前，必须首先进行润滑系统的清洗试车。本机组润滑系统试车是用电动油泵来进行的，润滑油为22号汽轮机（透平）油。电动机、增速器和压缩机三部分单独循环清洗不少于8h，直到清洁为止，然后三部分同时循环清洗不少于8h，直到清洁为止。清洗后，将脏油全部倒出，再装入合格的润滑油。

(2) 电动机的试车　由电气人员负责进行检查和试车。试车分为两阶段进行：首先冲动10～15s，以便检查电动机的声音是否正常，有无冲击碰撞现象，旋转方向是否正确等；然后连续运转8h，检查电流电压指示情况和电动机振动情况，电动机温度不得超过75℃，轴承温度不得超过65℃，油压应保持在0.08～0.12MPa（表压）。

(3) 电动机与增速器的联动试车　试车分四个阶段进行：首先冲动10～15s，检查齿轮副啮合时有无冲击杂音；运转5min，检查增速器与电动机运转声音是否正常，有无振动和发热情况，检查各轴承供油和温度上升情况；运转3min，全面进行检查；运转4h，再全面进行检查。

(4) 压缩机的无负荷试车　无负荷试车前，应将进气管路上的蝶阀（节流门）开启15°～20°，将排气管路上的闸阀关闭，将放空管路上的手动放空闸阀打开，使试车时空气不受压缩地直接排入大气。此外，应先开动电动油泵供油，打开冷却系统的阀门。试车分四个阶段进行：首先冲动10～15s，检查增速器、压缩机内部声音是否正常，有无振动，检查推力轴承窜动情况；运转5min，检查运转有无杂音，检查轴承温度不能超过65℃，检查油温需保持在35～45℃之间；运转30min，检查压缩机振幅不能大于0.02mm，运转声音应正常，油温、油压和轴承温度应正常；连续运转8h，全面进行检查。

(5) 压缩机的负荷试车　负荷试车前，进、排气管路上各阀门的开闭情况与无负荷试车时相同，供油、供水的情况也一样。试车分两个阶段进行：第一次开动1min，检查各部有无异音及振动，有无碰击现象；第二次开动达到正常转速后，首先无负荷运转1h，检查无问题后方可按规定加负荷，在满负荷及设计压力下连续运转24h。

加负荷的步骤如下：慢慢开大进气管路上的蝶阀，使空气吸入量增加，同时逐渐关闭手动放空闸阀，使压力逐渐上升，在10～15min内将负荷加满。加负荷时，应根据制造厂所规定的曲线进行，按电流表与仪表指示同时加量加压，防止脉动和超负荷。加压时，要时刻注意压力表，当达到设计压力0.635MPa（表压）时，立即停止关闭手动放空闸阀，不允许超过0.01～0.03MPa（表压）范围内。

从负荷试车开始，每隔30min进行一次试车记录，并将运行中发生的问题及可疑现象详细记录下来，以便停车后再进行检查处理。

压缩机负荷试车后的检查内容：拆开各径向轴承和径向推力轴承，检查巴氏合金摩擦情况，有无裂纹和擦伤的痕迹；检查轴颈表面是否光滑，有无刻痕和擦伤；用压铅法检查轴承间隙；检查增速器齿轮副啮合面的接触情况；检查联轴器的定心情况；检查所有连接的零部件是否牢固；检查和消除试车中发现的异常部位的所有缺陷；更换润滑油等。

当压缩机负荷试车后的检查无问题，还要进行再负荷试车，试车时间不得少于4h。经有关人员检查鉴定认为合格后，即可填写试车合格记录，办理交接手续，正式交付生产。

二、离心式压缩机的运行与调节

压缩机常按一种工况条件设计，实际却往往在非设计条件下运行。工况变了，压缩机的性能也随之发生变化，但总有一些工况是相似的，可据此估算不同工况下压缩机的性能，进而改变压缩机的运行工况以适应实际运行条件，满足使用要求。关于压缩机的性能以及相似条件这里不再介绍，下面仅简单介绍离心式压缩机的调节方法。

通常采用的调节方法可分为三类：节流调节、变速调节、变压缩机元件调节。

(1) 节流调节　对用交流电动机驱动的压缩机，转速一般恒定，常采用这类调节方法。它又分为排气节流调节和进气节流调节。进气节流调节不仅简便，和排气节流调节比起来还要经济得多。

(2) 变速调节　对于诸如汽轮机、燃气轮机等驱动的压缩机采用变速调节最方便。压缩机的不同转速有与之相对应的特性线，变速调节最经济，因为它没有附加的节流损失，所以它是大型压缩机经常采用的调节方法。

(3) 变压缩机元件调节　是通过改变压缩机元件的结构尺寸，改变压缩机特性线，改变联合运行点。离心式压缩机常采用的方法有可转动进口导叶和可调节叶片扩压器。

三、离心式压缩机的维护方法与步骤

(一) 离心式压缩机维护的意义

离心式压缩机要想做到长周期无故障的运行，必须做好机组的使用维护工作。设备的维护工作是设备稳定运行、降低维修费用、提高经济效益的有效措施。应从以下几个方面做好设备的维护工作。

(1) 加强使用及维护人员的技术培训，提高技术素质，使每个操作人员都能掌握设备的结构特点、工作性能及使用维护规程。

(2) 根据设备的结构特点、工作性能和使用环境等，制定符合设备结构特点、满足设备工作性能和使用环境要求的操作维护规程，以便指导操作维护人员的日常工作，避免设备在超温、超压、超负荷和超转速的状态下运行。

(3) 根据设备运行状况和工艺系统调整操作、稳定运行的需要，制定严格的设备巡检制度，按照巡检路线和要求，对设备的振动、温升、位移和工艺操作指标进行认真检查，对检查中发现的设备缺陷、工艺参数偏离操作指标的现象，要认真处理、及时调节，使设备的技术状态和运行状态均处于最佳程度。

(二) 离心式压缩机维护的内容

根据机组使用操作情况的差异，其维护工作的内容有以下几个方面。

(1) 按工艺规程规定时间，检查润滑系统各部位的温度、压力、压差和液位的指示值，发现偏离操作指标时，要及时进行调节，以利于润滑系统的正常运行。

(2) 按工艺规程规定时间，检查密封系统各部位温度、压力、泄漏情况，如有偏离操作指标规定的情况，要及时进行调节，确保密封系统正常运行。

(3) 按规定时间和路线，检查真空泵水系统各部位的温度、压力、真空度和液位的指示值，如有偏离操作指标规定的情况，要及时进行调节，使其恢复正常。

(4) 按规定时间和路线，检查工艺和蒸汽系统各部位的温度、压力、液位的指示值，发现偏离操作指标规定的情况，立即进行调节，以便恢复工艺和蒸汽系统正常运行。

(5) 主机是检查维护的主体，要按规定时间，严格检查各轴承的振动、温度、回油情况、转速和轴位移的指示情况，如发现偏离操作指标规定范围，要采取有效措施，排除故障因素，使主机运行转为正常。

(6) 做好设备、阀门和管线的防冻、防凝工作，避免设备冻坏、管线堵塞而影响生产。

(7) 根据检查情况，及时处理发现问题，排除设备的脏、松、乱、缺现象，提高设备运行的可靠性。保持环境和设备的卫生，做到文明生产。

（三）离心式压缩机的维护方法与步骤

1. 日常维护

（1）每班、每日定时擦拭机体，保持设备各部位清洁，机体应无油污。

（2）零部件完整齐全，指示仪表灵敏可靠。

（3）按时填写运行记录，做到真实、齐全、整洁。

（4）按规定的时间、路线认真做好巡回检查工作。

（5）及时更换和添加润滑油，合理使用润滑油，按规定进行三级过滤。

2. 润滑油的检查

（1）在正常运转中，每 15 天开动油净化装置运转，按规定的测试周期取样化验分析润滑油，分析结果如有一项以上（含一项）达到换油指标时，就要对润滑油进行处理，处理也达不到指标要求的就必须更换润滑油。

（2）油过滤器要定期清洗更换，保证油压在正常工作要求范围内。切入或者切出过滤器必须按照规程规定的程序进行，防止润滑油油压波动。

3. 压缩机的监测以及备用设备的检查

（1）压缩机振动监测和故障诊断。配备随机在线振动状态监测设备的工厂，除必须坚持经常对机器状态进行监测外，还应根据需要定期进行机组振动、轴位移的全面分析，结合机组振动的振幅、相位、频谱、轴心轨迹及其他信息，研究机组振动的趋势和变化特征，进行机组故障诊断，以指导对机组的维护检修工作。

配备离线振动监视和分析设备的工厂，应定期进行数据采集、振动分析、趋势分析，开展故障诊断。

利用工厂的便携式振动测定仪和分析仪，对压缩机进行振动检查，通过故障诊断，指导设备的维护和检修。

（2）备用机泵设备应按操作规定，定期检查备用的电源、仪表、联锁是否处于良好状态，定期盘动转子检查是否灵活，对备用设备采取必要的防冻、防腐蚀措施，并检查其实施情况和效果。

（四）停机的维护

（1）转子完全静止后，必须立即投入盘车装置进行盘车。电动液压盘车 8h 后改为手动盘车，每半小时盘动转子 90°，停车 16～24h 期间每 4h 盘车一次，以后可根据机组故障和预定开车时间每班盘车一次，直至蒸汽室温度降至 100℃，停机后电动液压盘车因故不能进行时应立即采用手动盘车。停机后盘车装置在一段时间内出现故障转子无法盘动时，应将转子静止时位置做记号，在盘车装置正常后盘动转子时应特别小心，因为转子和气缸的临时弯曲都已到较大数值，可每隔半小时盘转 90°，使转子稍许调直后再进行连续盘车或定期盘车。停机后盘车装置根本不可能进行电动或手动盘车时，机组在停机后 6h 内禁止启动。

（2）停机后油系统应正常运行，以满足冷却轴颈及盘车装置运行需要；盘车装置停运后一般在蒸汽室温度降至 100℃或轴承进、出口油温度相等时停止油系统运行。

（3）停机后除关闭向汽轮机供汽的所有阀门外，还要打开这些切断阀后至气缸间的疏水排放阀，防止漏汽到气缸内增加转子和气缸变形程度及造成部件的腐蚀损坏；压缩机低压缸进口二氧化碳气体阀关闭，防止气体进入内缸。

（4）停机时间在 1 周以上时，应每周进行油系统循环一次并同时盘动转子 720°以上。

（5）较长时间内停止运行的机组应进一步考虑采取防腐保护措施，寒冷地区还应采取必要的防冻措施。

【任务实施】

一、工具和设备的准备

（1）离心式压缩机装置。

（2）试车验收标准的说明资料。

二、任务实施步骤

（1）制定试车验收的内容和步骤。

（2）制定试车过程中突发情况的处理预案。

（3）制定试车验收的标准及试车合格的交接记录。

（4）制定压缩机日常运行维护标准，记录文件。

【知识拓展】

离心式压缩机常见故障及处理

引起离心式压缩机故障的原因有很多，大致可分为设计原因、工艺原因、设备原因、检修原因等。离心式空气压缩机常见故障及处理方法见表 3-1。

表 3-1　离心式空气压缩机常见故障及处理方法

故　　障	产　生　原　因	消　除　方　法
轴承温度过高，超过65℃	(1)轴承的进油口节流圈孔径太小，进油量不足 (2)润滑系统油压下降或滤油器堵塞，进油量减少 (3)冷却器的冷却水量不足，进油温度过高 (4)油内混有水分或油变质 (5)轴衬的巴氏合金牌号不对或浇铸有缺陷 (6)轴衬与轴颈的间隙过小 (7)轴衬存油沟太小	(1)适当加大节流圈孔径 (2)检修润滑系统油泵、油管或清洗滤油器 (3)调节冷却器冷却水的进水量 (4)检修冷却器，排除漏水故障或更换新油 (5)按图纸规定的巴氏合金牌号重新浇铸 (6)重新研刮轴衬 (7)适当加深加大存油沟
轴承振动过大或振幅超过0.02mm	(1)机组找正精度被破坏 (2)转子或增速器大小齿轮的动平衡精度被破坏 (3)轴衬与轴颈的间隙过大 (4)轴承盖与轴瓦的瓦背间过盈量太小 (5)轴承进油温度过低 (6)负荷急剧变化或进入喘振工况区域工作 (7)齿轮啮合不良、噪声过大 (8)气缸内有积水或固体沉积 (9)主轴弯曲 (10)地脚螺栓松动	(1)重新找正水平和中心 (2)重新校正动平衡 (3)减少轴颈与轴衬的间隙 (4)研刮轴承盖水平中分面或研磨调整垫片，保证过盈量为0.02～0.06mm (5)调节冷却器冷却水的进水量 (6)迅速调整节流蝶阀的开启度或打开排气阀或旁通闸阀 (7)重新校正大、小齿轮的平行度，使之符合要求 (8)排除积水和固体沉积物 (9)校正主轴 (10)把紧地脚螺栓
气体冷却器出口处温度超过60℃	(1)冷却水量不足 (2)气体冷却器冷却能力下降 (3)冷却管表面积污垢 (4)冷却管破裂或管与管板间配合松动	(1)加大冷却水量 (2)检查冷却水量，提高冷却器管中水的流速 (3)清洗冷却器芯子 (4)堵塞已损坏管的两端或用胀管器将松动的管胀紧
气体出口流量降低	(1)密封间隙过大 (2)进气的气体过滤器堵塞	(1)按规定调整间隙或更换密封 (2)清洗气体过滤器
油压突然下降	(1)油管破裂 (2)油泵故障	(1)更换新油管 (2)检查油泵故障的原因并予以消除

学习情境四

其他类型压缩机的维护与检修

【情境导入】

在石化企业中除活塞式和离心式压缩机外，还有其他类型的压缩机和风机，工程技术人员要认识这些机器的结构，了解其工作原理，掌握其检修及日常运行维护技能和知识。

【知识目标】

(1) 认识离心式风机、罗茨鼓风机、螺杆式压缩机的结构、工作原理。

(2) 掌握螺杆式压缩机主要零部件的功用及检修内容。

(3) 学习以上两种风机的运行与维护方面的知识。

【能力目标】

(1) 能够熟练使用工具。

(2) 能够对离心式风机、罗茨鼓风机、螺杆式压缩机进行检修。

(3) 能够对离心式风机、罗茨鼓风机、螺杆式压缩机进行日常管理与维护。

任务一　风机的维护与检修

【任务描述】

认识离心式风机和罗茨鼓风机的结构和工作原理，学习其检修及日常维护的方法。

【任务分析】

任务的完成：了解两种机器的结构，结合工作原理认识其主要零部件的作用和相互关系，检修要求及日常维护的内容。

【相关知识】

一、离心式风机的维护与检修

(一) 离心式风机工作原理及结构

1. 工作原理

与离心泵相类似，离心式风机依靠高速旋转的叶轮，使机壳内的气体受到叶片的推动作用而产生离心力，从而增加气体的动能（速度）和压力。风机的主要参数如下。

(1) 风量 Q　是指单位时间的出气量（指标准条件下的体积，即压力为 101.3kPa、温度为 20℃、相对湿度为 50%时的空气体积)，通常用 m^3/s（或 m^3/h）来表示。

(2) 风压 p　是指单位体积的气体通过风机后所获得的能量，通常用 p 表示。它分为全风压和静风压，若不特别说明时通常指的是全风压。

(3) 转速 n　是指叶轮每分钟的转数，常用 r/min 来表示。

(4) 功率　风机的功率分为有效功率（指单位时间内通过风机的气体所获得的有效能量）和轴功率（即原动机传到风机轴上的功率，也称风机的输入功率）。

(5) 效率　用 η 表示，为有效功率与轴功率之比。

2. 结构

离心式风机分为单级和多级，如图 4-1 所示，单级离心式风机主要由叶轮、机壳、导流器、集流器、进气箱和扩散器等组成，有右旋和左旋两种旋转方式，单吸和双吸两种。多级离心式风机主要由机壳、叶轮、主轴、轴承、轴承座、密封组件、润滑装置、联轴器（或带轮）、支架以及其他辅助装置组成。

离心式风机的主要零部件有机壳和转子组件。

(1) 机壳　由铸铁制成或用钢板焊接而成，其结构型式有水平中分式和端盖、蜗壳组合式两种。机壳的支承有悬臂式及双支承式两种。悬臂式机壳由螺栓与轴承箱连接，并由平键定位；也有用联轴器与电动机直连的。双支承式的机壳靠机座支承，转子组件由两端轴承支承。

(2) 转子组件　由叶轮、主轴、密封套、平衡盘、联轴器等部件组成转子组件。叶轮与主轴常采用静配合或过渡配合。

（二）离心风机的检修

(1) 机体　机座游动端的固定螺栓不得拧紧，应在螺母下边留 0.05～0.07mm 间隙，螺栓的位置应偏离中心，固定端的间隙为总间隙的 3/4，膨胀端的间隙为总间隙的 1/4。机壳与底座之间有导向键。导向键与底座上键槽的配合为过盈配合；与机壳上键槽的配合为间隙配合。

铸造的机身应无裂纹及其他严重的铸造缺陷，对裂纹和其他铸造缺陷应予以消除。机身水平偏差要求小于或等于 0.05mm/m。机壳组装扣合后，其中分面的局部间隙最大不能超过 0.05mm。否则，应进行修刮。变形很大时，应先机加工后再研刮。

(2) 转子　铆接叶轮的铆钉必须是紧固的。否则，必须予以重铆或更换，若铆钉损坏过多，则应更换叶轮。焊接叶轮的焊缝不得有裂纹和严重的焊接缺陷，否则应予以补焊修复。在检修中一般采用敲击听声或着色法检查裂纹。叶轮轮盘的腐蚀、磨损量，不得超过厚度的 1/3。叶片的腐蚀、磨损量，不得超过厚度的 1/2。

主轴应无裂纹、划伤及其他伤痕等缺陷，轴颈的表面粗糙度应为 $Ra0.8\mu m$ 以下。如出现以上缺陷，可采用精磨修理，但精磨后的直径应不小于下偏差的尺寸。若缺陷仍无法消除时，其深度大于 2mm、面积在 $10mm^2$ 以上时，原则上应更换新轴。对表面伤痕较多或磨损量大，而其他技术条件又都能满足规范要求的轴，也可采用表面喷镀或刷镀法进行修复。

叶轮和主轴组装前应进行静平衡试验，其重径积应符合转子在额定转速下的平衡要求。主轴上任何两个零件的接触面之间，均应留有符合规定的膨胀间隙，一般为 0.05～0.20mm。在进行叶轮动平衡试验时，应将叶轮装在主轴上一起作，且在安装和检修时，不得随意将叶轮和主轴分开，若确实需要分开，应做好标记，以便回装时对位。

(3) 隔板　多级离心式风机隔板的检修，参阅离心式压缩机隔板的检修内容和方法。

（三）日常检查维护

在日常检查维护中，应优先关注以下内容。

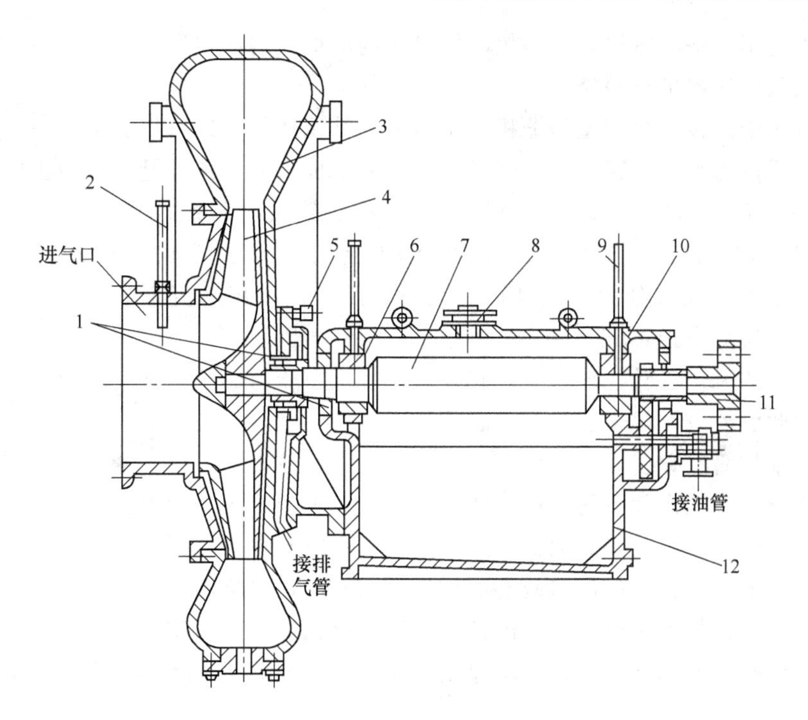

(a) 悬臂式单级离心式风机结构

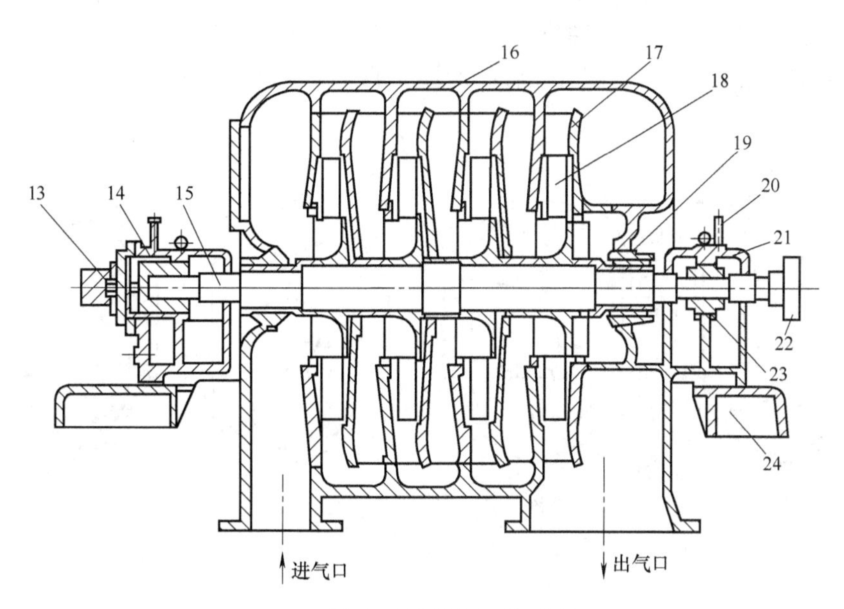

(b) 双支承多级离心式风机结构

图 4-1　离心式风机

1,19—密封；2,9,20—温度计；3,16—机壳；4,18—叶轮；5—油杯；6,14—止推轴承；7,15—主轴；8—通气罩；10,21—轴承箱；11,22—联轴器；12,24—底座；13—主油泵；17—回流室；23—径向轴承

(1) 轴承运行温度接近 65℃。

(2) 风机及电动机发出的噪声或振动现象是否异常。

(3) 紧固连接件是否有松动现象。

(4) 传动带有无磨损或伸长，如有应及时更新或拉紧。

(5) 对于未启用的备用风机，或停机时间过长的风机，均应定期盘车。

二、罗茨鼓风机的维护与检修

罗茨鼓风机属于回转式容积型压缩机，不但用于鼓风送气，还可用于抽真空，即罗茨真空泵，如果吸入适量的水，在转子间、转子与气缸间形成水封，这样既可以减少内泄漏，又可消除压缩热，从而提高容积效率和绝热效率。罗茨鼓风机所能产生的风压约在 3.5～70kPa，但一般适用范围约在 15～40kPa 之间，其输送的风量为 2～800m^3/min。

罗茨风机按结构型式可分为立式和卧式两种，卧式主要用于流量大于 40m^3/min 的场合，立式主要用于流量小于 40m^3/min 的场合。

回转式鼓风机的风量与转速成正比，且几乎不受出口压力影响，即当转速一定时，其输出风量不变，因此罗茨鼓风机也被称为定容式鼓风机。

罗茨鼓风机结构简单紧凑，占地面积小，运行稳定，效率高，便于维护和保养；除轴承和齿轮等传动件外，各工作件不需润滑，所输送的气体纯净、干燥；因机内运动件无相互摩擦，可用于含有一定灰尘的空气。因此，在工业生产中得到广泛应用。

罗茨鼓风机的缺点：转子的制造及装配质量要求较高，造价高，运转中噪声大；风机的出口处应安装稳压气柜与安全阀；流量的调节采用支路回流阀进行调节，不经济；出口阀不能完全关闭；操作时温度不能超过 85℃，否则，转子因受热膨胀而相互碰撞，甚至咬死。

1. 工作原理

如图 4-2 所示，罗茨鼓风机由两只腰形渐开线转子通过主、从动轴的齿轮，使两根转子作等速反向旋转，完成吸气、压缩和排气过程。当左侧转子顺时针转动时，右侧转子逆时针转动，气体从左面进口吸入，随着旋转时所形成的工作室容积的减少，气体受压缩，最后从右面出口排出。

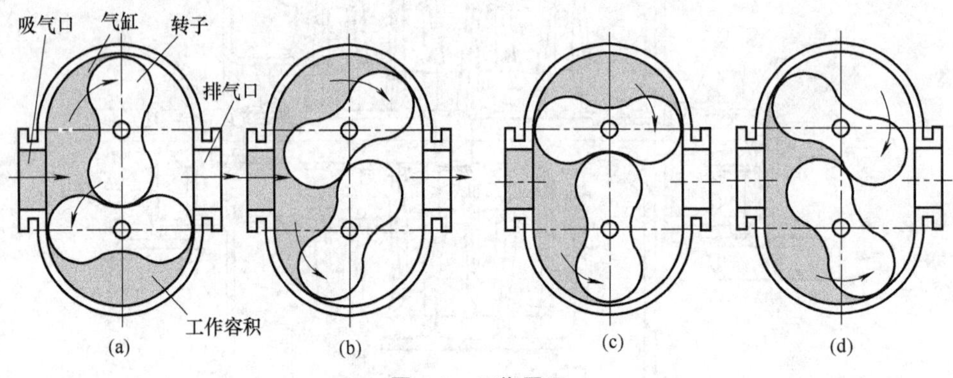

图 4-2 工作原理

2. 结构

罗茨鼓风机主要由机壳、前后墙板、轴、轴封、传动齿轮和同步齿轮及一对转子等组成。如图 4-3 所示。

(1) 机壳　机壳有整体式和水平剖分式两种。整体式结构简单，但安装和调整间隙比较困难，仅用于小型鼓风机。对于性能参数较大的卧式鼓风机，机壳和两端墙板均采用水平剖分式结构。

(2) 转子　罗茨鼓风机的转子由叶轮和轴组成，叶轮叶数一般有两叶和三叶。

(3) 传动齿轮　分为主动齿轮和从动齿轮，所不同的是主动齿轮的轮毂上有四个半圆形孔和两个销钉孔，用于调整转子的径向间隙。两个齿轮的齿数和模数完全相同。

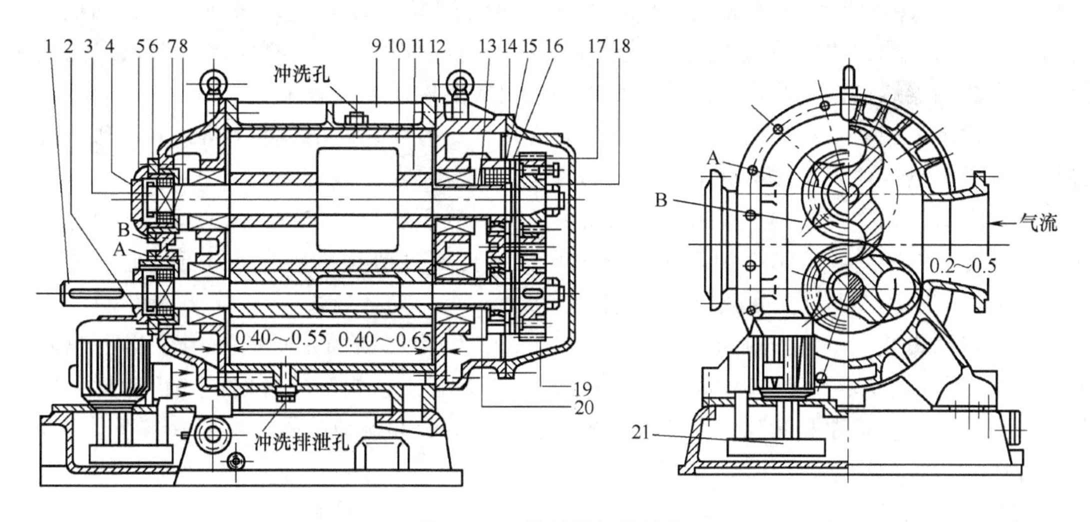

图 4-3　罗茨鼓风机的结构

1—主轴；2,8—圆形环；3—从动轴；4,16—轴盖；5,20—轴封；6,15—轴承座；7—前墙板；9—机体；10—叶轮；11—轴端密封；12—后墙板；13—衬套；14—齿轮箱；17,19—齿轮圈；18—齿轮；21—油管

（4）轴承　风机中因滚动轴承摩擦因数小，轴向尺寸小，维护方便，使用广泛。滑动轴承可用在高转速场合，其承载能力更大。

（5）轴封装置　主要指伸出机壳的传动轴和机壳的间隙密封，其结构比较简单，有涨圈式、迷宫式、填料式、机械密封式等几种，轴承的油封采用骨架油封。

（6）润滑装置　润滑系统包括油泵、油管、油箱、油过滤器、油冷器、油压调节阀和油泵安全阀，在运行过程中，润滑系统工作好坏直接影响罗茨鼓风机正常运转。

3. 检修

罗茨鼓风机拆卸检修时，应对接合面的垫片厚度及内部的间隙进行测量，并做好标记和记录，检查机体有无裂纹及其他损伤，其主要零部件的检修技术要求如下。

（1）转子　不得有裂纹、砂眼、气孔等缺陷，若有裂纹应焊修。

检查叶轮表面和轴向平面有无摩擦痕迹，如果有，一定要找出原因，并进行适当处理。如果因为轴或者叶轮缺陷，需要更换，用特制工具把叶轮从轴上拆下。装配时，要保证轴和叶轮的装配间隙。重新装配后的转子，需要进行平衡校正。

转子组装时，两端轴颈的平行度偏差应不大于0.02mm，两端面与墙板的平行度偏差不大于0.05mm。转子的各部间隙应符合相关的规定。

转子应进行静平衡和动平衡试验，其允许偏心距应符合相关规定。两转子轴向与墙板摩擦及径向与外壳摩擦都会引起机体内有碰擦声，应及时进行解体修理。

（2）轴　其主要要求是轴颈的圆度偏差不大于轴颈公差的1/2；轴颈的平直度偏差不大于0.02mm；轴与转子的垂直度偏差不大于0.05mm/m。

（3）机壳、墙板　用放大镜检查机壳、墙板内、外表面，特别是内表面，观察是否有摩擦、裂痕，如果有可以用着色探伤进一步检查，回装时应找出原因进行纠正。检查机壳、墙板、齿轮箱各结合平面有无弯曲、变形、砂眼等缺陷。

（4）联轴器　检查联轴器是否有裂纹，如有应更换。检查联轴器与轴的配合情况，检查键与键槽的配合，键与键槽侧面应紧密贴合无间隙，上平面与联轴器键槽应有0.10～

0.40mm 的间隙；对旧键槽加宽处理时，不得超过键槽宽度的 10%；联轴器的同轴度、轴向间隙、径向与端面跳动量应符合有关规定。检查弹性橡胶圈的磨损情况，磨损严重应更换。检查联轴器螺栓，有磨损、弯曲、裂纹等情况应更换。

(5) 轴承　检查轴承的内、外圈和滚珠有无生锈、裂纹、碰伤、变形等。转动轴承是否轻松，有无突然卡住现象。检查轴承原始间隙是否符合要求，有无磨损。

(6) 密封装置　对各类橡胶密封圈的安装，应以轻压入为宜，新装配的填料不宜压得过紧，对有切口的密封圈，每圈切口应错开 120°；迷宫密封轴套两端的平行度偏差一般不大于 0.01mm，迷宫式密封侧间隙应为 0.05～0.06mm。

(7) 传动齿轮　齿轮的啮合应平稳、无杂音；齿轮用键固定后，径向位移不应超过 0.02mm；顶隙通常取 $0.2\sim0.3m$（m 为模数）；侧隙应符合相关的规定。在齿轮拆装时一般采用压铅法测量顶隙和侧隙。罗茨鼓风机齿轮损坏会引起振动超限，可采取修理或更换来消除故障。

当罗茨鼓风机所有零部件都进行检查、修理并符合技术要求后，才能回装。

4. 日常检查维护

罗茨鼓风机日常检查维护内容如下。

(1) 检查机组的连接螺栓。

(2) 检查机组润滑情况，油温、油压以及冷却水供应情况。

(3) 按照润滑制度规定要求，定期加油和换油。

(4) 经常检查鼓风机的运行状态、压力、流量是否平稳，机组的声音、振动是否正常。

(5) 检查仪表指示和联锁情况。

(6) 检查电动机的电流、振动情况。

【任务实施】

一、工具和设备的准备

(1) 离心式风机、罗茨鼓风机装置。

(2) 常用的拆卸工具、测量工具、钳工工具等。

二、任务实施步骤

(1) 阅读图纸。

(2) 确定检修内容及检修方法。

(3) 准备备品、配件。

(4) 对照图纸对待检修的机器进行拆解检修。

【知识拓展】

风机的分类

风机是依靠外加机械能来压缩和输送气体的机器。风机与压缩机不同的是压力比低。根据产生风压的大小，风机可分为通风机和鼓风机两大类。

(1) 通风机　一般将全压 $p<15\text{kPa}$ 或 $\varepsilon<1.15$ 的风机称为通风机。按产生的风压大小，可将通风机分为低压风机（$p<1\text{kPa}$）、中压风机（$1\text{kPa}\leqslant p\leqslant 3\text{kPa}$）、高压风机（$3\text{kPa}<p<15\text{kPa}$）。若按结构型式的不同，可将其分为离心式通风机、混流式通风机、轴流式通风机。通风机按装置方式可分为送气式和抽气式。

（2）鼓风机　产生风压为15～35kPa或压力比为1.15～4的风机，称为鼓风机。鼓风机有透平式和回转式两大类：前者有离心式、轴流式和混流式；后者转子式、滑片式和滚环式等。

任务二　螺杆式压缩机的维护与检修

【任务描述】

认识螺杆式压缩机的结构和工作原理，学习其检修及日常维护的方法。

【任务分析】

任务的完成：了解螺杆式压缩机的结构，结合工作原理认识其主要零部件的作用和相互关系，检修要求及日常维护的内容。

【相关知识】

一、螺杆式压缩机的分类及基本结构

螺杆式压缩机是指用带有螺旋槽的一个或两个转子（螺杆）在气缸内旋转使气体压缩的机器。螺杆式压缩机属于回转式容积型压缩机，它具有在较低的压力下流量范围幅度宽的特性。按照螺杆转子数量的不同，螺杆式压缩机有双螺杆与单螺杆两种。双螺杆式压缩机简称螺杆式压缩机。在石油化工生产中，常用于输送天然气，燃料气的增压、冷冻、压缩等，放火炬气体压缩以及空气压缩等场合。

1. 分类

螺杆式压缩机可以从几个方面进行分类：按运行方式的不同，分为无油压缩机和喷油压缩机两类；按被压缩气体种类和用途的不同，分为空气压缩机、制冷压缩机和工艺压缩机三类；按结构型式的不同，分为移动式和固定式、开启式和封闭式等。

2. 基本结构

图4-4所示为无油螺杆式压缩机的结构。气体压缩时不与润滑油接触，转子不直接接

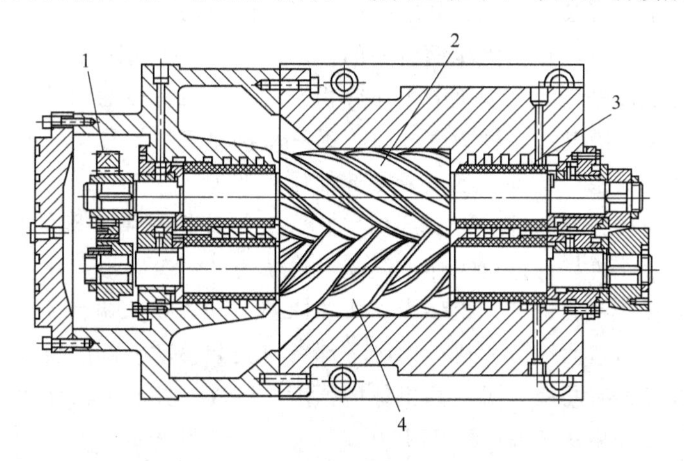

图4-4　无油螺杆式压缩机的结构

1—同步齿轮；2—阴转子；3—轴封；4—阳转子

触，相互间存在一定的间隙。阳转子通过同步齿轮带动阴转子高速旋转，同步齿轮在传输动力的同时，还确保了转子间的间隙。值得指出的是：压缩机中的轴承、齿轮等零部件，仍是用普通润滑方式进行润滑的，只是这些润滑部位和压缩腔之间，采取了有效的隔离轴封。

图 4-5 所示为喷油螺杆式压缩机的结构，喷油螺杆式压缩机中，大量的润滑油被喷入所压缩的气体介质中，起着润滑、密封、冷却和降低噪声的作用。

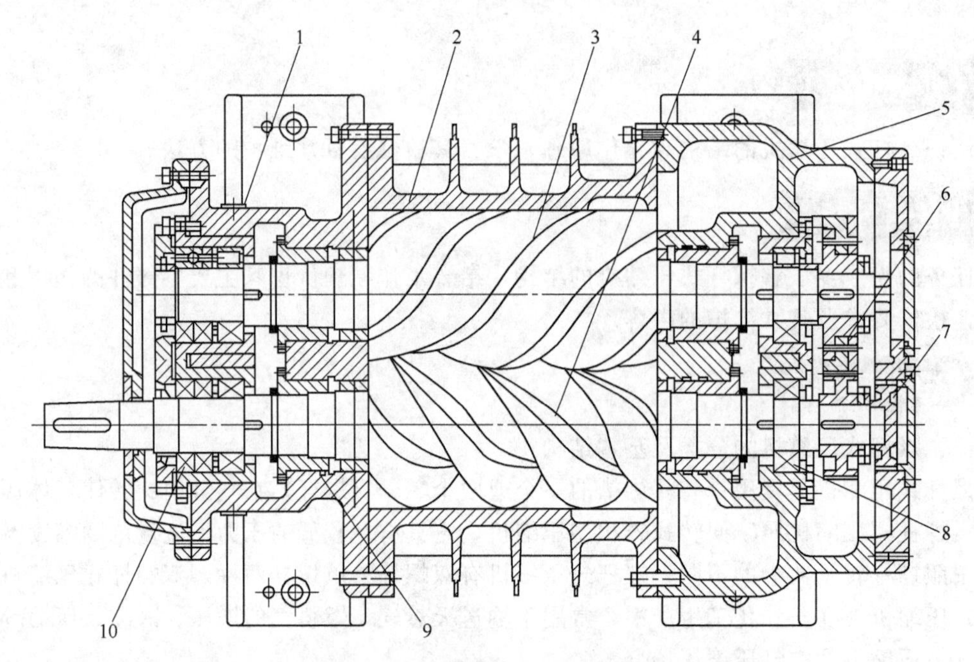

图 4-5 喷油螺杆式压缩机的结构

1—排气端座；2—气缸体；3—阴转子；4—阳转子；5—吸气端座；
6—同步齿轮；7—平衡缸；8—径向轴承；9—密封组件；10—止推轴承

如图 4-5 所示，在压缩机的机体中，平行地配置有一对相互啮合的螺旋形转子。通常把节圆外具有凸齿的转子，称为阳转子（主动转子）或阳螺杆，把节圆内具有凹齿的转子，称为阴转子（从动转子）或阴螺杆。一般阳转子与原动机连接，由阳转子带动阴转子转动。转子上的球轴承使转子实现轴向定位，并承受压缩机中的轴向力。同样，转子两端的圆柱滚子轴承使转子实现径向定位，并承受压缩机中的径向力。转子上每一个螺旋槽与中间壳体内表面所构成的封闭容积即是螺杆压缩机的工作容积。在压缩机机体的两端，分别开设一定形状和大小的孔口。一个供吸气用，称吸气孔口；另一个供排气用，称排气孔口。此外，还有轴封、同步齿轮、平衡活塞等部件。各主要零部件作用如下。

（1）机体　是连接各零部件的中心部件，它为各零部件提供正确的装配位置，保证阴、阳转子在气缸内啮合，可靠地进行工作。其端面形状为“∞”字形，这与两个啮合转子的外圆柱面相适应，使转子精确地装入机体内。机体内腔上部靠吸气端有径向吸气孔口，它是依照转子的螺旋槽形状铸造而成的。机体内腔下部留有安装移动滑阀的位置，还铸有能量调节旁通口，机体的外壁铸有肋板，可提高机体的强度和刚度，并起散热作用。

机壳的材料一般采用灰铸铁，如 HT200 等。

（2）转子　是螺杆式压缩机的主要部件。其结构有整体式与组合式两类。常采用整体式结构。将螺杆与轴做成一体。转子精加工后，应进行动平衡校验。

转子主要结构参数有：转子的齿数和扭转角；圆周速度和转速；公称直径、长径比。

对转子齿形的基本要求是：较好的气密性；接触线长度尽量短，以减少泄漏；较大的面积利用系数，以提高压缩机的输气量。

（3）轴承与平衡活塞　螺杆式压缩机常用的轴承有滚动轴承和滑动轴承两种。低负荷、小型机器，尤其是移动式机器中，多采用滚动轴承；高负荷、大中型机器，多采用滑动轴承。

由于转子一端是吸气压力，另一端是排气压力，再加上内压缩过程的影响，以及一个转子驱动另一转子等因素，便产生了轴向力。阳转子所受轴向力大约是阴转子的四倍。

为了减轻止推轴承的负荷，常采用平衡活塞或类似装置，平衡活塞位于阳转子吸气端的主轴颈尾部，它利用高压油注入活塞顶部的油腔内，产生与轴向力相反的压力，使轴向力得以平衡。

（4）轴封　无油螺杆式压缩机的轴封主要有石墨环式、迷宫式和机械式三种。

喷油螺杆空气压缩机在小型空压机中，通常采用简单的唇形密封。在大中型空压机中，往往采用有油润滑机械密封。

3. 特点

与往复式压缩机相比，螺杆式压缩机有以下特点。

（1）结构简单，运动部件少，没有往复式压缩机需要经常维修的气阀、活塞环、填料密封等零部件，维护简单，费用较低，使用寿命较长。

（2）减少或消除了气流脉动。

（3）能适应压缩湿气体以及含有液滴的气体。

（4）在有冷却润滑剂连续流动的情况下，允许的单级压力比要高得多（可高达 20～30），并且排气温度较低。

（5）由于不存在往复惯性力，可在高转速、高压比下工作，特别是喷油或喷液的螺杆式压缩机，由于压缩气体内冷效果好于往复式压缩机的外部冷却，因而功率利用充分。

（6）转子型线复杂，加工要求高，不适于作高压压缩机用，特别是干式螺杆式压缩机，为了减少内部升温，必须用增速齿轮提高其转速，因此机械损失大，运行中气流噪声较大。

二、螺杆式压缩机的工作原理

尽管螺杆式压缩机的分类不同，但其工作原理完全相同，只是在某个主要特征上有显著区别。每一种螺杆式压缩机都有其固有的特点，满足一定的功能，并适用于一定的范围。

螺杆式压缩机的基元容积是由阳、阴转子和气缸内壁面之间形成的一对齿间容积，随着转子的旋转，基元容积的大小和空间位置都在不断变化。螺杆式压缩机的工作循环可分为吸气、压缩和排气三个过程。随着转子旋转，每对相互啮合的齿相继完成相同的工作循环，为简单起见，这里只研究其中的一对齿的工作原理。图 4-6 所示为螺杆式压缩机的工作过程。

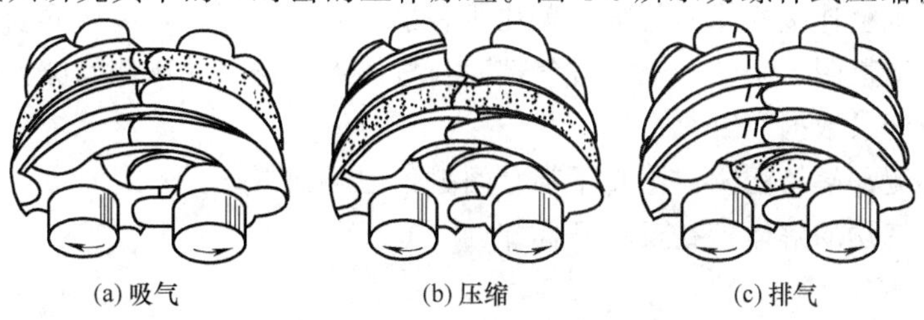

(a) 吸气　(b) 压缩　(c) 排气

图 4-6　螺杆式压缩机工作过程

（1）吸气过程　齿间基元容积随着转子旋转而逐渐扩大，并和吸入孔口连通，气体通过吸入孔口进入齿间基元容积，称为吸气过程。当转子旋转一定角度后，齿间基元容积越过吸入孔口位置与吸入孔口断开，吸气过程结束。此时阴、阳转子的齿间基元容积彼此并不连通。

（2）压缩过程　压缩开始阶段主动转子的齿间基元容积和从动转子的齿间基元容积彼此孤立地向前推进，称为传递过程。转子继续转过某一角度，主动转子的凸齿和从动转子的齿槽又构成一对新的V形基元容积，随着两转子的啮合运动，基元容积逐渐缩小，实现气体的压缩过程。压缩过程直到基元容积与排出孔口相连通的瞬间为止，此刻排气过程开始。

（3）排气过程　由于转子旋转时基元容积不断缩小，将压缩后具有一定压力的气体送到排气腔，此过程一直延续到该容积最小时为止。

随着转子的连续旋转，上述吸气、压缩、排气过程循环进行，各基元容积依次陆续工作，构成了螺杆式压缩机的工作循环。

由上可知，两转子转向相迎合的一面，气体受压缩，称为高压力区；另一面，转子彼此脱离，齿间基元容积吸入气体，称为低压力区。高压力区与低压力区由两个转子齿面间的接触线所隔开。另外，由于吸气基元容积的气体随着转子回转，由吸气端向排气端做螺旋运动，因此螺杆式压缩机的吸、排气孔口都是呈对角线方式布置的。

三、螺杆式压缩机的检修

以无油螺杆压缩机的检修为例。

1．检查机体

保证压缩机机体整洁。机体密封面无沟痕、锈蚀、裂纹等缺陷，密封面平整光洁，否则，要对密封表面进行手工研磨修理，必要时要进行机加工处理。

2．检查转子

（1）转子表面有无裂纹、咬合、掉块、锈蚀等外观缺陷。

（2）转子外圆等各部位尺寸，外圆磨损量不能超过标准范围。

（3）测量阴、阳转子的轴颈径向圆跳动，必要时对转子进行动平衡校正。

（4）测量阴、阳转子与壳体之间的径向间隙。

（5）测量与调整阴、阳转子吸气端面与吸气端座、排气端面与排气端座的间隙。

（6）测量与调整阴、阳转子啮合间隙。

（7）测量与调整阴、阳转子的轴向间隙。

（8）测量与调整阴、阳转子密封间隙值。

3．拆卸与检测

参照无油螺杆压缩机结构图（见图4-4）进行拆卸。

（1）拆卸消音器或隔音房。

（2）拆卸联轴器保护罩，复查拆卸前轴对中情况，记录数据。

（3）拆卸与机组连接的附属管线，盖住所有暴露的管线开口，以防异物进入。

（4）用塞尺测量阴、阳转子吸、排气端面与机体吸、排气端座侧间隙，测量转子与机壳内壁径向间隙，记录数据。

（5）用塞尺测量解体前阴、阳转子啮合间隙，记录数据。

（6）吸、排气端的解体检查及转子拆卸。

4．密封的检修

石墨环密封检修时，要注意石墨环尺寸和表面精度应符合要求，表面粗糙度应小于

$Ra0.32$～$0.63\mu m$；工作面应无裂纹、划痕、缺陷，巴氏合金层无龟裂；石墨环和壳体上相互配合的端面要光滑平整，接触均匀，石墨环厚度应均匀，沿整周厚度误差小于0.01mm；石墨环安装方向必须正确，不可反装；密封气（油）管畅通，无杂质或堵塞。

5. 同步齿轮的检修

检修时要检查齿轮磨损情况及啮合侧隙，如果齿面有磨损或其他外观缺陷，要进行必要的处理，若啮合间隙超差，要按照压缩机的检修技术标准进行必要的调整。

6. 回装与调整

螺杆式压缩机重新装配前，必须保证壳体内表面和油管干净，水夹套应无泥、碎屑等，去除转子、壳体、轴承支座、同步齿轮等上面的毛刺和粗糙点。用干净的油清洗轴承，使用无纤维布擦拭机件，然后进行回装与调整。方法如下。

（1）将压缩机壳体排出端向下置于枕木上，将阳转子装回壳体内。

（2）小心地将阴转子旋入壳体内。边滑动边转动阴转子以防止与阳转子碰在一起损坏密封线，保证转子上的装配标记对准。

（3）将入口壳体安装到入口端。

（4）将壳体置于水平位置，然后安装密封组件。

（5）在入口、出口端安装径向轴承，转轴两端应加以支撑以便安装。

（6）安装到此处时，检查转子平行度。

（7）安装止推轴承。

（8）测量阴、阳转子吸、排气端面与机体吸、排气端座侧间隙，转子与机壳内壁径向间隙。

（9）热装法安装同步齿轮，并用锁紧螺母拧紧。

（10）套装上阴转子同步齿轮时，应对准齿轮的装配配合标记。

（11）根据机组的随机技术文件测量并调整转子的同步齿轮啮合齿侧间隙。

（12）根据机组的随机技术文件测量并调整阴、阳转子啮合间隙。

（13）安装端盖；安装附属管线。

（14）联轴器对中，按复查联轴器对中的方法进行。

四、螺杆式压缩机的维护

（一）日常运行的维护保养

（1）经常巡回机组，监察各参数是否正常，认真做好交接班。

（2）经常检查机组各管路、接头是否松动、泄漏。

（3）经常注意油箱盖上通气帽处，是否有大量气体逸出，如逸出气体严重，表明转子轴封处已严重损坏，应密切注意油箱油质是否变坏，并应尽早拆下检查或替换。

（4）在运行中，特别注意螺杆式压缩机各参数是否超出规定参数值，如进气压力过低、排气压力增加、进气温度上升、排气温度上升以及轴承温度过高等。

（5）检查转动件之间是否有接触故障发生及轴承是否损坏。

（6）当运转中发现有异常响声或异常振动时应及时停机。因螺杆式压缩机噪声很大故难以发现异常声音，当突然停车和保护装置动作停止时，必须在查明原因之后，经过旋转和空负荷过程方可重新开车。

（7）吸入的气体被腐蚀性气体污染时，因污染的气体冷凝会腐蚀转动部件，应调节冷却水量，使二段入口气体温度在15～20℃的大气温度范围内。

(8) 运转中管路及容器内均有压力，不得松开管路或塞头以及打开不必要的阀门。

(9) 在长期运转中，若发现从观油镜中观察不到油位，应立即停机。停机 10min 后观察油位，若油位不足，等待系统内压力降至为零时，将油位补充至正常位置，以确保开机正常运转时油位。

(10) 运转中应每 2h 检查一次仪表，记录压力、电流、电压、排气温度和油位值，供日后检修时参考。

(二) 停机状态的维护保养

长期停机时，应严格遵循下列方法处理，特别是在气温低于 0℃以及高湿度季节或地区。

1. 停机 3 周以上

(1) 电动机控制盘等电气设备，用塑料纸或油纸包好，以防湿气侵入。

(2) 将油冷却器、后冷却器的水完全排放干净，避免冷却器冻裂。

(3) 若有任何故障，应先排除，以利将来使用。

(4) 两三天后再将油气桶、油冷却器、后冷却器中的凝结水排出。

2. 停机 2 个月以上

除上述程序外，另需进行如下处理。

(1) 将所有开口封闭，以防湿气、灰尘进入。

(2) 将安全阀、启动盘等用油纸或类似纸包好，以防锈蚀。

(3) 停机前将润滑油更新，并运转 30min，两三天后排除油气桶及油冷却器内的凝结水。

(4) 将冷却水完全排出。

(5) 尽可能将机器迁移至灰尘少、空气干燥处存放。

【任务实施】

一、工具和设备的准备

(1) 螺杆式压缩机装置。

(2) 常用的拆卸工具、测量工具、钳工工具等。

二、任务实施步骤

(1) 阅读图纸。

(2) 确定检修内容及检修方法。

(3) 准备备品、配件。

(4) 对照图纸对待检修的机器进行拆解检修。

【知识拓展】

石油气螺杆式压缩机组故障与处理（见表 4-1）

表 4-1 石油气螺杆式压缩机组故障与处理

序号	故障现象特征	故障原因	处 理 方 法
1	压缩机达不到额定压力	气量调节的压力控制器上限调得过低	调高压力控制器上限压力
2	压缩机排温过高	(1)喷液量小 (2)进气温度高 (3)环境温度高	(1)调大喷液量 (2)可适当降低排压 (3)降低循环水温度

续表

序号	故障现象特征	故障原因	处 理 方 法
3	螺杆咬死、气缸烧损	(1)安装不当,使机组变形 (2)运行后管道外力使机身变形	(1)重新安装 (2)重新校正、安装管道
4	排气温度高	(1)吸气温度过低,进气口处结冰引起阻塞造成真空度过大,使排温升高 (2)正常情况下,喷液量不足或喷液温度过高引起温度升高	(1)调整工艺系统,检查是否阻塞 (2)调整喷液量
5	轴承温度过高	(1)配油器中油量分配不合理 (2)油变质、进入异物引起轴承失效	(1)调整配油器各阀门 (2)解体检查,更换润滑油
6	油压下降	(1)平衡活塞泄漏太大 (2)齿轮油泵磨损 (3)油温升高	(1)解体检查 (2)解体检查 (3)解体检查
7	油温升高	(1)油冷却器冷却效果下降 (2)某个润滑部位温度太高 (3)环境温度高	(1)解体检查 (2)加大冷却水量、联系循环水系统 (3)降低循环水温度
8	主机振动加大	(1)轴承磨损,轴承间隙大 (2)同步齿轮磨损,侧隙加大 (3)电动机与主机联轴器对中变坏	(1)检修 (2)检修 (3)检修

参考文献

[1] 张涵. 化工机器. 北京. 化工工业出版社，2005.
[2] 魏龙. 密封技术. 北京. 化工工业出版社，2007.
[3] 张麦秋，傅伟. 化工机械安装修理. 北京：化工工业出版社，2010.
[4] 中国石化人事部. 机泵维修钳工. 北京：中国石化出版社，2008.
[5] 王书敏，何可禹. 离心式压缩机技术问答. 北京：中国石化出版社，2005.
[6] 中国石油化工公司. 石油化工设备维护检修规程. 北京：中国石化出版社，2004.
[7] 方子严. 化工过程机器. 北京：中国石化出版社，2007.
[8] 中国机械工程学会设备与维修工程分会《机械设备维修问答丛书》编委会. 压缩机维修问答. 北京：机械工业出版社，2010.
[9] 周国良. 压缩机维修手册. 北京：化学工业出版社，2010.
[10] 王利福. 压缩机组. 北京：中国石化出版社，2007.
[11] 李和春. 化工维修钳工（上、下册）. 北京：化学工业出版社，2009
[12] 刘相臣，张秉淑. 石化和化工装备事故分析与预防. 北京：化学工业出版社，2010.
[13] 黄钟岳，王晓放. 透平式压缩机. 北京：化学工业出版社，2004.